创新电子商务系列教材

网页设计

第二版

总主编◇鲍　泓
主　编◇薛晓霞

华东师范大学出版社

图书在版编目(CIP)数据

网页设计/薛晓霞主编. —2 版. —上海:华东师范大学出版社,2014. 7
创新电子商务系列教材
ISBN 978 - 7 - 5675 - 2434 - 7

Ⅰ. ①网… Ⅱ. ①薛… Ⅲ. ①网页制作工具—高等职业教育—教材 Ⅳ. ①TP393. 092

中国版本图书馆 CIP 数据核字(2014)第 179622 号

网页设计(第二版)

主　　编　薛晓霞
项目编辑　吴　余　孙小帆
审读编辑　朱瑶雯
封面设计　孔薇薇

出版发行　华东师范大学出版社
社　　址　上海市中山北路 3663 号　邮编 200062
网　　址　www. ecnupress. com. cn
电　　话　021 - 60821666　行政传真 021 - 62572105
客服电话　021 - 62865537　门市(邮购)电话 021 - 62869887
地　　址　上海市中山北路 3663 号华东师范大学校内先锋路口
网　　店　http://hdsdcbs. tmall. com

印 刷 者　上海丽佳制版印刷有限公司
开　　本　787×1092　16 开
印　　张　12. 5
字　　数　254 千字
版　　次　2015 年 6 月第 2 版
印　　次　2015 年 6 月第 1 次
书　　号　ISBN 978 - 7 - 5675 - 2434 - 7/TP · 085
定　　价　26. 00 元

出 版 人　王　焰

创新电子商务系列教材
编　委　会

总序

沈丹阳

诺贝尔经济学奖的保罗·萨缪尔森曾预言说，电子商务模式将会彻底改变经济生态、商业生态。他的预言正在全世界范围内逐渐变成事实。如今，互联网金融、大数据时代、移动电子商务、跨境电商、传统企业触网等热潮，正推动着电商产业走到中国经济的舞台中央。

近几年，从事电子商务行业的人数正在迅猛增长，但人才培养与市场需要之间的鸿沟在扩大，电子商务专业的教学面临着极大的挑战和极好的机遇。电子商务实践需要科学的理论的指导，因此，构建一个既源于电子商务实践又经得起电子商务实践检验的科学的课程体系与理论，是电子商务专业教师和实践者的共同追求。华东师范大学出版社组织出版的这套以职业为导向的电子商务教材是在为我国的电子商务教材建设添砖加瓦，特别可贵的是他们的探索和创新。

我国电子商务的蓬勃发展，主要源于经济快速发展的肥沃土壤，离开了这片土壤，理论的鲜活性和普适性就会受到不同的影响。这套教材立足于实践和企业真实案例，充分阐释了“实践之树常青”的涵义。

但是，电子商务是个可能每分钟都在发生变化的行业，而且带有高科技的光环，这决定了它对从业者的要求是多重的：创新能力、技术性思维、快节奏的反应等。另外，电子商务学科处于快速发展中且与多个学科交叉，这个专业非常需要教师和学习者有开放的心态、创新意识和快速学习的能力。电子商务专业需要复合型人才，需要培养既要懂得技术，又要具备专业的产品知识，同时还具有商务洞察能力的专业人才。这套教材在这方面也作出许多努力，在案例讲授、问题讨论、情境体验等方面颇有创新。

值得一提的是，教材十分注重师生互动尤其是学生间的互动实践，这会成为未来电子商务教学的重要趋势。我相信电子商务专业的进步将会带来我国电子商务行业发展的更加美好的明天。

2014 年 12 月

前言

本书是高职高专电子商务专业“十二五”国家规划教材，是在电子商务行业指导委员会的指导下，校企合作共同创作的结晶。

一、教材定位

本书从网页设计与制作类职业岗位能力要求出发，根据岗位需求、网页设计与制作的工作过程以及学生的认知规律精心组织教学内容，采用通俗易懂的语言和丰富多彩的实例，让读者能够循序渐进地学习使用 Dreamweaver 进行网页设计与制作相关知识和技术的学习。

作为教材，本书主要面向高职高专电子商务、计算机信息管理、计算机应用技术等专业，也可供从事网页设计与制作的初、中级人员自学使用。

本书门槛不高，只要读者具备计算机基本知识，了解 Windows 基本操作，就可以使用本书进行网页设计与制作的学习。

二、教材特色

本书以培养职业能力为核心，遵循工作过程系统化课程开发理论，打破“章”、“节”编写模式，采用情境教学，以项目为导向，用任务进行驱动。

全书以一个真实旅游网站作为教学案例，围绕这个主线精心设计了 10 个教学项目，35 项主任务，54 项子任务。项目和任务的安排充分考虑了学生的认知水平和学习能力，遵从由局部到整体、由简单到复杂、由具体到抽象的认知规律。10 个教学项目分为 3 个教学阶段，第一阶段为网页设计制作准备阶段，包括项目一网页设计基础知识、项目二网页设计案例分析和项目三网页图像制作工具，主要目标是使读者通过认识基本概念、赏析经典网页，做出网站初步规划，并通过项目三准备网站图片素材；第二阶段为网站制作阶段，由项目四 Dreamweaver 入门、项目五简单网页制作和项目六使用 HTML 编写网页组成，主要目标是使读者掌握 Dreamweaver 站点的创建与管理并能够用可视化和代码两种方式制作网页；第三阶段为提升效率阶段，包括项目七利用 CSS 样式修饰页面、项目八网页布局定位、项目九库与模版和项目十站点维护，主要目标是使读者掌握快速、规范、工业化的网页制作方法。

每个教学项目由以下 15 个全部或大部分教学环节组成：项目导读→项目重点→项目难点→关键词→任务背景→任务目标→知识准备→任务描述→课堂案例→任务实施→知识拓展→综合训练→项目小结→思考题→设计题等，这些环节形成了从实践到理论，从感性认识到理性认识，循序渐进，逐步提升，融知识学习与技能训练于一体的职业技能培养过程。

本书按任务驱动组织教学内容，课程以完成网页设计制作任务为主线，融“教、学、练”于一体，体现了“教中学、学中做，做中会”的教学理念。

三、致谢

本书是在全国电子商务行业指导委员会的指导、组织下，由有多年高职高专网页设计与制作一线教学经验的教师和企业网页设计岗位一线工程师共同设计、编写的。

本书由北京联合大学薛晓霞副教授担任主编，负责设计本书框架、大纲，全书统稿，并撰写了第3、5、10章及第2、4章的部分内容，北京博导前程信息技术有限公司高级工程师吴浩撰写了第1章及第2章的部分内容，北京联合大学的王艳娥撰写了第7、8章，陈战胜撰写了第9章，赵玮撰写了第6章及第4章的部分内容。北京联合大学的王晓红教授作为本书的顾问全程参与了本书框架、大纲的设计和内容的编排，并对全书提出了许多宝贵的意见和建议。北京联合大学应用科技学院计算机信息管理专业的学生冯源同学为本书旅游网站案例设计了Logo。在此向他(她)们表示衷心的感谢。

由于时间仓促，水平有限，难免出现问题，敬请广大读者批评指正。

编者

2014年2月15日

Contents 目　录

项目一　网页设计基础知识　1

任务 1－1　网络基础知识　2
任务 1－2　网页的相关知识　11
任务 1－3　网站的相关知识　12
【项目小结】　16
【思考题】　16
【设计题】　16

项目二　网页设计案例分析　17

任务 2－1　网页元素构成分析　18
任务 2－2　网站首页页面结构分析　24
【项目小结】　31
【设计题】　31

项目三　网页图像制作工具　33

任务 3－1　了解主流图像处理软件　34
任务 3－2　图像处理软件 Photoshop　35
任务 3－3　Photoshop 基本操作　36
任务 3－1－1　用 Photoshop 制作网站 logo　37
任务 3－3－2　用 Photoshop 制作网站 banner　40
【项目小结】　43
【练习题】　43

项目四　Dreamweaver 入门　45

任务 4－1　了解 Dreamweaver　46
任务 4－2　创建 Dreamweaver 站点　53
任务 4－2－1　了解站点　53
任务 4－2－2　创建站点　54
【项目小结】　57
【思考题】　57

项目五　制作简单网页 59
任务 5-1　创建、编辑站点文件夹 60
任务 5-1-1　创建文件夹 60
任务 5-1-2　重命名文件夹 61
任务 5-1-3　删除文件夹 62
任务 5-2　创建、移动、复制、重命名、删除网页文件 62
任务 5-2-1　创建、保存网页文件 62
任务 5-2-2　移动、复制网页文件 64
任务 5-2-3　重命名、删除网页文件 65
任务 5-3　设置页面属性 65
任务 5-4　设置网页元信息 70
任务 5-5　输入文本 72
任务 5-5-1　输入文本 73
任务 5-5-2　设置文本属性 76
任务 5-5-3　项目符号和编号列表文本的输入 78
任务 5-6　插入图像 82
任务 5-7　创建超级链接 86
任务 5-7-1　创建文本超级链接 87
任务 5-7-2　创建到电子邮件超级链接 89
任务 5-7-3　创建图像超级链接 89
任务 5-8　插入 Flash 动画 91
任务 5-9　插入视频文件 92
综合训练:《北京旅游网站》某页面制作 93
【项目小结】 94
【思考题】 95

项目六　使用 HTML 编写网页 97
任务 6-1　HTML 基础 98
任务 6-2　HTML 常用标记 99
任务 6-2-1　基本标记 99
任务 6-2-2　格式标记 100
任务 6-2-3　文本标记 102
任务 6-2-4　超链接标记 104
任务 6-2-5　多媒体标记 106
任务 6-2-6　表格标记 108
任务 6-2-7　表单标记 110
综合训练:《北京旅游网站》某页面制作 114
【项目小结】 115
【思考题】 115

项目七　利用 CSS 样式修饰页面　117
任务 7-1　认识 CSS　118
任务 7-1-1　体验内部 CSS 样式表　119
任务 7-1-2　体验外部 CSS 样式表　120
任务 7-2　创建 CSS 样式表　121
任务 7-2-1　创建标签选择器样式　122
任务 7-2-2　创建类选择器样式　125
任务 7-2-3　创建复合内容选择器样式　126
任务 7-2-4　创建 ID 选择器样式　129
任务 7-3　创建和应用外部 CSS 样式表　131
任务 7-3-1　创建外部样式表　131
任务 7-3-2　导出样式表　132
任务 7-3-3　链接外部样式表文件　134
任务 7-4　创建特殊 CSS 样式　135
任务 7-4-1　用 CSS 样式设计不会跟着滚动的背景图　136
任务 7-4-2　利用 CSS 样式自定义鼠标形状　137
【项目小结】　139
【思考题】　139

项目八　网页布局定位　141
任务 8-1　Div+CSS 布局定位　142
任务 8-1-1　AP 元素的创建与操作　142
任务 8-1-2　AP 元素布局定位应用　144
任务 8-2　表格布局　145
任务 8-2-1　表格的创建与操作　146
任务 8-2-2　利用表格布局页面　147
任务 8-3　框架页面的制作　149
【项目小结】　154
【思考题】　154

项目九　库与模版　155
任务 9-1　使用库项目　156
任务 9-1-1　创建库项目　156
任务 9-1-2　插入库项目　158
任务 9-1-3　编辑库项目　159
任务 9-2　模板　161
任务 9-2-1　创建模板　162
任务 9-2-2　创建可编辑区域　165

任务 9-2-3　创建重复区域　167
任务 9-2-4　定义可选区域　170
任务 9-2-5　模板的应用　172
任务 9-2-6　管理模板　174
任务 9-3　应用案例:《乐悠游旅游网站》二级页面模板制作　176

项目十　站点维护　181

任务 10-1　测试网站　182
任务 10-1-1　检查浏览器的兼容性　182
任务 10-1-2　自动更新链接　183
任务 10-1-3　检测网页链接错误　184
任务 10-1-4　修复链接　186
任务 10-2　管理站点　187
任务 10-2-1　站点管理窗口　187
任务 10-2-2　站点报告　188
【项目小结】　188
【思考题】　188

项目一

01

网页设计基础知识

【项目导读】

- 了解互联网基础知识
- 了解网页设计基础知识
- 了解 IP 地址与域名之间的关系，能分清国际域名与国内域名的差异
- 了解不同的浏览器，对浏览器兼容性和差异性有一定的认识
- 了解网站的分类，能够分辨不同类型的网站
- 了解网站开发技术，能够区分静态网页与动态网页
- 了解 FTP 协议，并能熟练使用 FTP 工具
- 掌握注册、解析域名、绑定空间、上传页面等技能

【项目重点】

- 了解常用的浏览器
- 能够分辨不同的网站类型
- 学会注册域名，了解不同的域名注册商的注册要求
- 学会使用 FTP 工具，能够上传、下载文件

【项目难点】

- 如何定义和分辨不同类型的网站
- 不同的浏览器对网站前端的兼容性支持
- 网站开发技术的优劣性

【关键词】

域名、FTP、浏览器、静态网站、动态网站、门户网站

【任务背景】

经过三年的学习，李晓明成功找到了工作。他在网上投递简历后，被一家新成立的旅游公司录取。根据专业特长，李晓明被分配到了电子商务部。

这几年，互联网、电子商务发展迅猛，已深入到生产生活各个领域。企业若想生存，必须在互联网这个新型的市场上占领一席之地。公司决定，第一步先建设一个用于宣传企业形象、宣传企业业务、扩大企业知名度的网站。

电子商务专业毕业的李晓明主动请缨，担负起了公司旅游网站的开发工作。

任务 1－1 网络基础知识

【任务目标】

- 了解什么是互联网
- WWW 与 FTP 的关系
- 通过 FTP 软件上传、下载文件
- 注册一个域名，学会域名解析（教学条件允许情况下）
- 申请一个网站空间，学会绑定空间（教学条件允许情况下）

【知识准备】

信息时代，互联网处于飞速发展之中。互联网的知识也在不断更新，很多名词与概念已不能定义新的模式。而当我们了解到互联网的本质和原理，无论概念如何变化、如何炒作，我们都能够保持一个冷静、理性的心态，合理地进行网站设计规划。

1. 什么是互联网(Internet 简介)

说到互联网，好像离我们很近，我们几乎每天都在上网，不管是电脑上网还是通过手机上网或使用微信等应用，但让我们讲一讲什么是互联网，好像一两句又讲不明白。

那什么是互联网呢？互联网（Internet）就是由一些使用公用语言互相通信的计算机连接而成的网络，即单机、局域网及广域网按照一定的通讯协议组成的国际计算机网络。互联网以相互交流信息资源为目的，基于共同的协议进行信息共享，并通过若干路由器和公共网络互连而成。

弄清了互联网的定义，我们还要看看互联网的起源。

20 世纪 60 年代有两个超级大国，美国和苏联。当时这两个国家一直在进行冷战，也就是不发生大规模的战争，但双方进行局部代理人战争、科技和军备竞赛、外交竞争等以“冷”方式进行对抗。

在当时的情况下，美国认为不能只有一个指挥中心，万一被苏联的核武器摧毁了，全国的军事指挥将处于瘫痪状态，其后果不堪设想。因此有必要设计一个分散式的指挥系统，它由一个个分散的指挥点组成，当部分指挥点被摧毁后其他

点仍能正常工作。

1969年，美国国防部高级研究计划管理局（ARPA）开始建立一个名为ARPAnet的网络，目的是把美国的几个军事及研究用电脑主机联接起来。最初，ARPAnet只联结4台主机，在当时这是美国国防部的高度机密（见图1-1）。

图1-1
ARPAnet的工程师们

1983年，ARPA和美国国防部通信局成功开发了用于异构网络的TCP/IP协议，美国加州大学伯克利分校把该协议作为其BSD UNIX的一部分，使得该协议得以在社会上流行起来，从而诞生了真正的互联网。

1986年，美国国家科学基金会（NSF）建立了大学之间互联的骨干网络NSFnet，这是互联网历史上重要的一步。在1994年，NSFnet转为商业运营。随后，互联网成功接入了其他比较重要的网络，包括Usenet、Bitnet和多种商用X.25网络。

1986年，中国北京计算机应用技术研究所实施了国际联网项目——中国学术网（Chinese Academic Network，简称CANET）。1987年9月，CANET在北京计算机应用技术研究所内正式建成中国第一个国际互联网电子邮件节点，于9月14日发出了中国第一封电子邮件："Across the Great Wall we can reach every corner in the world.（越过长城，走向世界）"。

最初，中国的网络只是被用来进行科学研究，开通的也只是电子邮件应用。

1989年8月，中国科学院承担了国家计委立项的"中关村教育与科研示范网络"（NCFC）的建设，即中国科技网（CSTNET）前身。

1994年4月，NCFC率先与美国NSFNET直接互联，实现了中国与Internet全功能网络连接，标志着我国最早的国际互联网络的诞生。

到今天为止，互联网的发展与当年亦不可同日而语，人们享受着互联网带来的信息化红利，足不出户就可与朋友视频通话、购买商品等等，工作生活学习等都已离不开互联网。而访问终端也在不断变化，从电脑到手机以及各种手持设备，未来互联网的发展潜力依然巨大。

2. WWW 和 FTP

WWW(万维网)即“World Wide Web”服务的缩写,也被简称为 web。WWW 用于描述互联网上的所有可用信息和多媒体资源,这些资源以 HTML 超文本语言放置在 WWW 服务器上,服务器通过 HTTP(超文本传输协议)传送给用户,用户则使用浏览器进行访问,也就是说人们日常可见的网站内容都是基于 WWW 服务所呈现出来的。

当人们通过浏览器(如 IE8)在访问网站时,往往习惯性地加上 www,这是为什么呢?实际上在互联网早期阶段,主要的服务有 web(WWW)、文件传输(FTP)、电子邮件(E-mail)、远程登录(Telnet)等。在域名前标识 www 即告知你这是一个需要用浏览器进行访问的 web 服务,以此区别于其他服务。

人们所访问的网页、视频等资源又是通过什么方式上传到服务器上的呢?在这里就要讲一讲 FTP 了,FTP 是互联网上两台计算机(客户机/服务器)之间传送文件的协议,FTP 客户机可以给服务器发出命令来下载文件、上传文件、创建或改变服务器上的目录。最初的 FTP 软件是命令行操作,现在一般采用图形化的操作界面,使 FTP 变得方便易用。

下面我们以一款 FTP 软件——FlashFXP 进行操作示范讲解。

首先,进行 FlashFXP 软件的安装。安装完成后,打开软件,如图 1-2 所示。

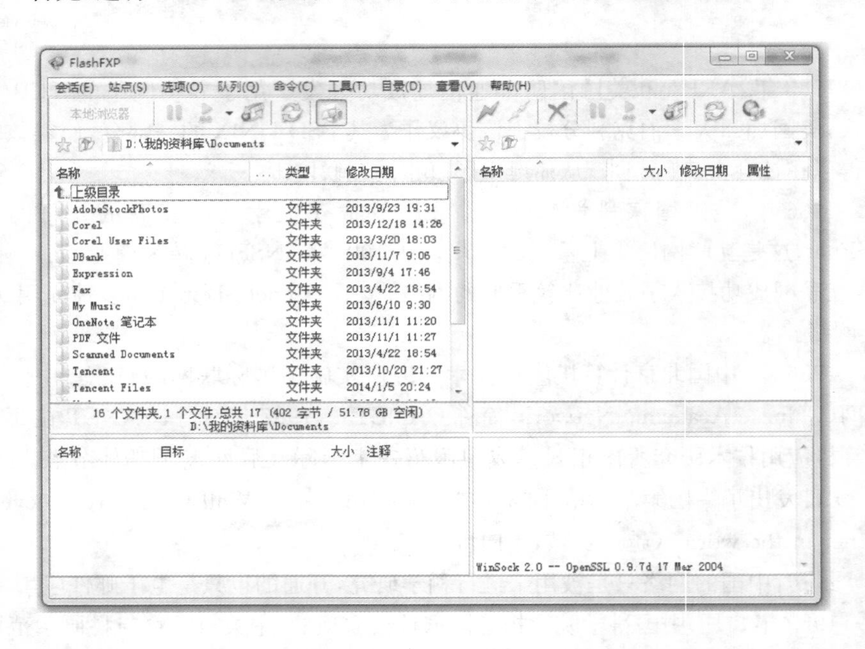

图 1-2
FTP 操作界面

界面第一行为菜单栏,第二行是快捷操作按钮,第三行左侧文件夹显示的是本地文件夹,下面显示的是本地文件列表,右侧空白处则显示的是将来 FTP 操作连接后网站文件。连接 FTP 操作如下:

第 1 步,获取网站的 FTP 地址和用户名、密码,大家可以通过申请免费 FTP 空间来进行尝试,下面的演示我们以某网站为例。

第 2 步,进行 FTP 链接。在 FlashFXP 中,常用的链接方式有两种。第一种是点击 【连接】图标,点击后会弹出一个对话框,输入 FTP 地址(IP 或 URL)、用户名、密码等后连接即可，一般网站不需要进行特殊设置，这种方式适合临时的 FTP 连接。如果服务器端对 FTP 进行了 SSL(传输安全加密)设置，那么在 FTP 软件中也需进行 SSL 功能选择。该对话框也可以按 F8 快捷键弹出，如图 1－3所示。

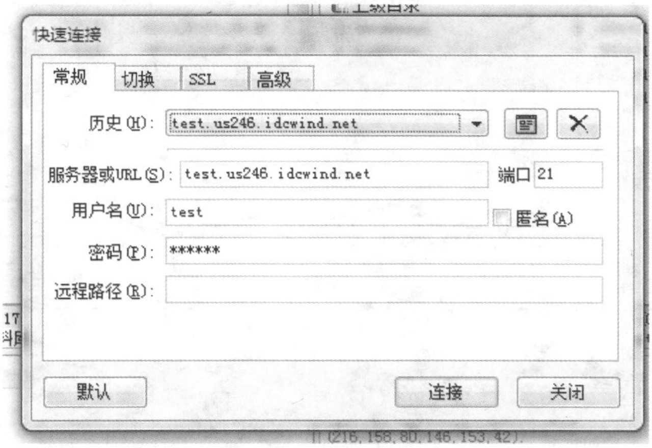

快速连接
常规 切换 SSL 高级
历史(H): test.us246.idcwind.net
服务器或URL(S): test.us246.idcwind.net 端口 21
用户名(U): test 匿名(A)
密码(P): ******
远程路径(R):
默认 连接 关闭

图 1－3
快速连接对话框

另一种方式是通过【站点管理器】进行连接。点击菜单栏中的【站点】，选择【站点管理器】。这种方式适合长期性链接、维护的网站，如图 1－4 所示。通过【站点管理器】建立连接的操作步骤如下：

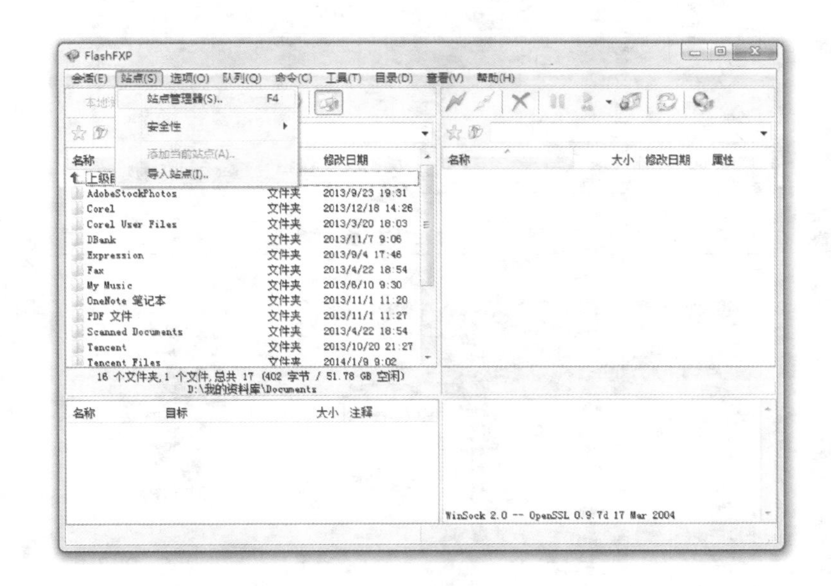

图 1－4
选择【站点管理器】

第 1 步，创建一个新的站点，输入 FTP 地址、用户名、密码等，再选择本地文件夹，点击【应用】按钮，该站点信息即保存到 FlashFXP 之中，下次登录时调出【站点管理器】中信息直接使用即可。输入信息完成后，点击连接，进行 FTP 测试。如图 1－5、图 1－6、图 1－7 所示。

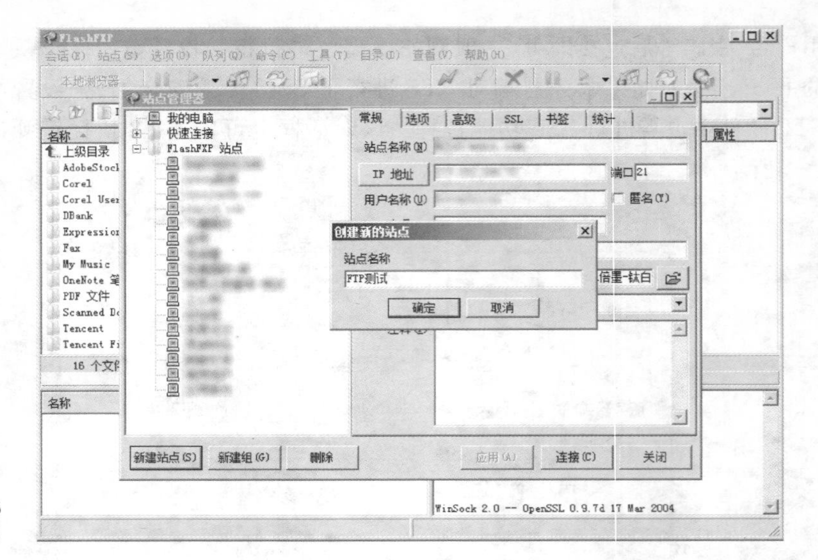

图 1-5
创建新站点

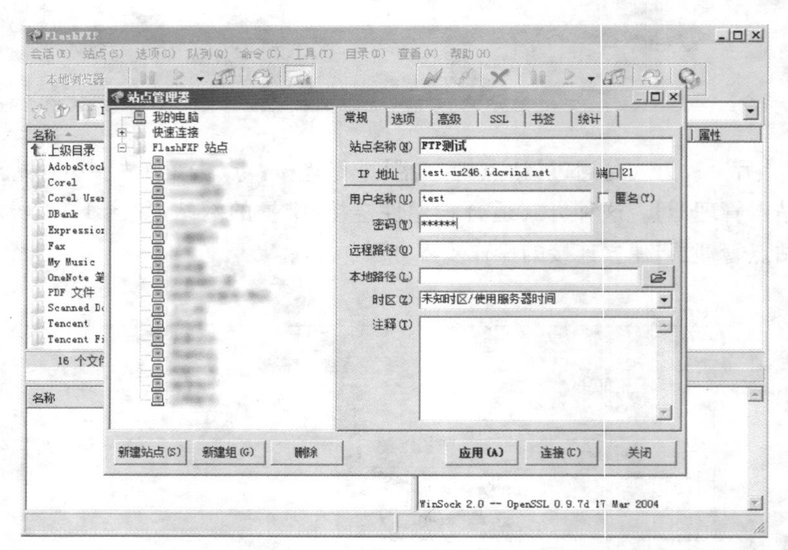

图 1-6
FTP 地址、用户名、密码输入

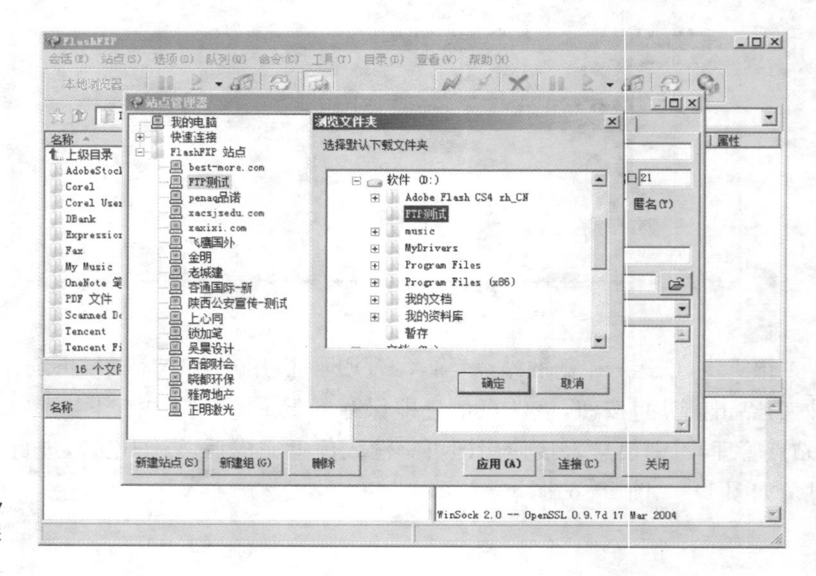

图 1-7
选择本地文件夹

第 2 步　连接。如图 1－8 所示，左侧区块为本地文件夹，右侧是服务器文件目录。网站文件一般放在 wwwroot 文件夹下。

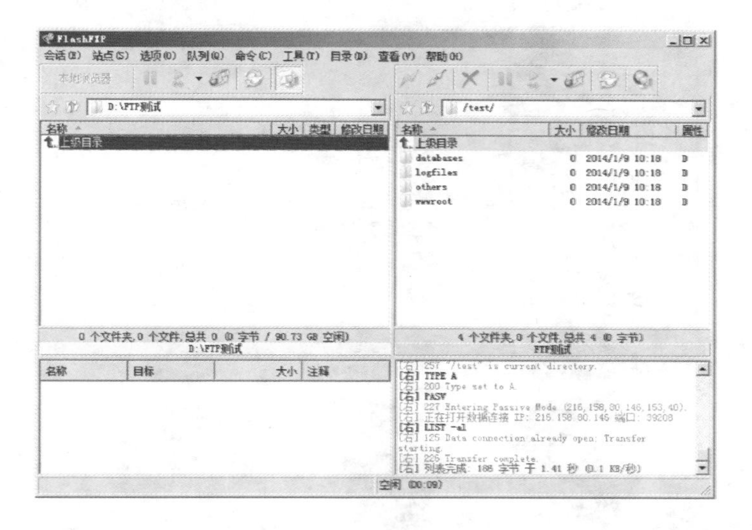

图 1－8
FTP 连接完成

第 3 步　进入 wwwroot 目录，删除系统生成的文件，如图 1－9 所示。右击准备好的本地文件 index. html，如图 1－10 所示，在弹出的快捷菜单中选择【传输】，则将该文件传输到服务器上。所有操作完毕后，通过上传的文件地址进行测试。下载文件备份时操作相反，从服务器端传输到本地。

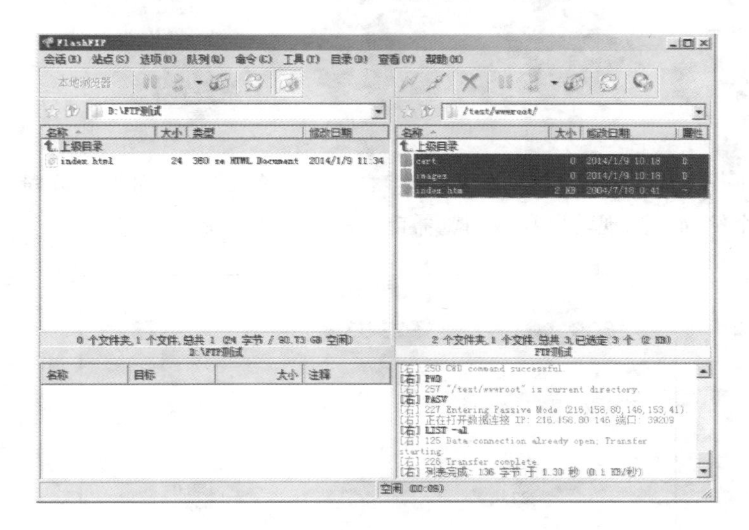

图 1－9
删除系统生成文件

3. 浏览器和 WEB 服务器软件

浏览器是用来访问网页及 Web 资源的一种客户端软件，可与 WWW 建立连接，并形成通信。它需要从服务器请求资源，并将其显示在浏览器窗口中。资源的格式通常是 HTML，也包括 PDF、JPG 及其他格式。在我国 PC 端的最常用的浏览器有 Internet Explorer（简称：IE）、360 安全浏览器、搜狗高速浏览器等，浏览器图标如图 1－11 所示。而在移动端，UC 浏览器、QQ 浏览器、百度浏览器、Chrome、Safari 则更为常见。

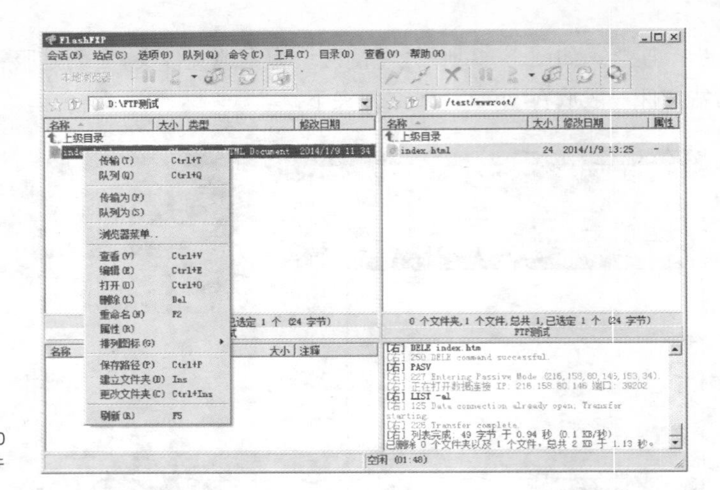

图 1-10
上传 index.html 文件

图 1-11
常见的浏览器图标

图 1-12 为某网站 2013 至 2014 年之间 8 万多 IP 的浏览器访问量数据,可以从一个侧面看到现阶段我国浏览器市场占有率的情况。

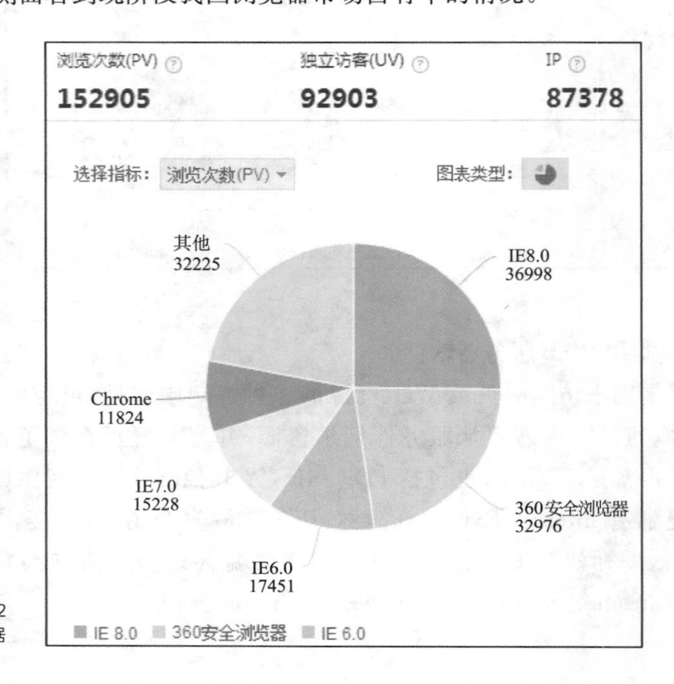

图 1-12
浏览器数据

Web 服务器一般指网站服务器，是指驻留于因特网上某种类型计算机的程序。Web 服务器可以向发出请求的浏览器提供文档服务。可以在 Web 服务器上放置网页或数据，供全世界浏览或下载。最常用的服务器软件有 IIS、Apache 等。

IIS(Internet Information Services 互联网信息服务)，是由微软公司提供的基于 Microsoft Windows 的互联网基本服务。IIS 最初是 Windows NT 版本的可选包，随后内置在 Windows 2000、Windows XP Professional 和 Windows Server 2003 中随操作系统一起发行。最新的版本是 Windows2008 里面包含的 IIS 7，IIS 与 Window Server 完全集成在一起，因而用户能够利用 Windows Server 和 NTFS(NT File System，NT 的文件系统)内置的安全特性，建立强大、灵活而安全的 Internet 和 Intranet 站点。

Apache 是世界使用排名第一的 Web 服务器软件。它几乎可以在所有的计算机平台上运行，由于其跨平台和安全性强而被广泛使用，是最流行的 Web 服务器端软件之一。

Apache 支持许多特性，大部分通过编译的模块实现。这些特性从服务器端的编程语言支持到身份认证方案。一些通用的语言接口支持 Perl、Python、Tcl 和 PHP。流行的认证模块包括 mod_access，mod_auth 和 mod_digest。其他的例子有 SSL 和 TLS 支持(mod_ssl)，proxy 模块，很有用的 URL 重写(由 mod_rewrite 实现)，定制日志文件(mod_log_config)，以及过滤支持(mod_include 和 mod_ext_filter)。Apache 日志可以通过网页浏览器使用免费的脚本 AWStats(一个免费、非常简洁而且强大有个性的网站日志分析工具)或 Visitors 来进行分析。

4. IP 地址和域名

互联网依靠 TCP/IP(Transport Control Protocol/Internet Protocol，传输控制协议/Internet 协议)协议在全球范围内实现不同硬件结构、不同操作系统、不同网络系统的互联。在互联网上，每一个节点都依靠唯一的 IP 地址互相区分和相互联系。IP 地址就是一个 32 位二进制数的地址，即 32bit，比特换算成字节，就是 4 个字节。为了方便使用，IP 地址经常被写成十进制的形成，中间使用“.”分开不同的字节，如 125.78.240.166。

由于 IP 地址很难记忆，于是，人们又发明了便于记忆和沟通的“域名”来代替 IP 地址。如用 think123.com 来代替 125.78.240.166，一个 IP 地址可以对应一个或多个域名。域名由多个词组成，由圆点分开，位置越靠左越具体。域名的后缀一般代表国家或地区，如我国为.cn，英国为.un；由于互联网起源于美国，所以没有国家或地区标志的域名则表示注册了国际域名。

域名分为国际域名和国内域名两种，两者在功能上没有任何区别，都是互联网上具有唯一性的企业标识。只是在最终管理机构上，国际域名由美国商业部授权的 ICANN 负责注册和管理；而国内域名则由中国互联网络信息中心(简称 CNNIC)负责注册和管理。

在国际域名中，较为常见以下几种后缀形式：

.com 商业机构；

.edu 教育机构；

.gov 政府部门；

.int 国际组织；

.mil 美国军事部门；

.net 网络组织；

.org 非盈利组织；

.biz 商业；

.info 网络信息服务组织；

.name 用于个人；

.museum 用于博物馆。

不同后缀的域名注册条件和要求也不同，com 和 net 是企业和个人经常注册的域名形式，从域名价值来讲 com 后缀域名价值最高(与域名本身寓意也有关系)。而 gov 等后缀域名在注册时需要提供相应证明，由于其特殊性和注册者的公信力，在搜索引擎中的权重往往较高。

在国内域名中，较为常见以下几种后缀形式：

.cn 国内顶级域名；

.com.cn 商业机构；

.net.cn 网络服务机构；

.org.cn 非营利性组织；

.gov.cn 政府机关。

国际域名和国内域名的区分主要在于后缀是否以.cn 结尾。

在我国，一级的注册机构有万网、新网、中国频道等，个人和企业均可以提交域名注册申请。

在进行域名注册时我们应该考虑以下问题：

1. 注册的域名应该是与网站相关的，如果短域名被注册了可以选择数字+英文的组合形式。

2. 域名应该越简单越好，便于记忆。

3. 域名注册接口的选择。

好的域名注册机构应该提供以下服务：

1. 拥有最高级管理权限：提供功能强大的域名管理平台。

2. 高速稳定的 DNS 服务器，保证域名的高速和稳定。

3. 免费的二级域名(子域名)。

4. 免费 Email 邮件转发：可以把发给该域名的所有邮件转发到其他邮箱，如转发到 gmail 邮箱。

5. 一定权限的 URL 转发：受政策限制时，可绑定其他免费 DNS 服务器实现 URL 转发(跳转)功能。

6. 免费 DNS 注册：可以方便自由地建立独立的 DNS 服务器地址，提升网站的独立形象。

7. 免费域名加锁：提供域名加锁功能，有效保护域名安全，防止域名被盗。

8. 免费域名过户：可任意修改所有人信息，不需要任何烦琐的手续，不需要

提交任何文档。

9. WHOIS信息隐藏：隐藏域名所有人信息，可以有效地防止垃圾邮件、域名劫持。

任务1－2 网页的相关知识

【任务目标】

- 什么是网页
- 静态网页与动态网页如何区分
- META标签对搜索引擎收录会产生怎样的影响

【知识准备】

从事网页设计工作，需要将网页的特点搞清楚。静态网页和动态网页优劣不同，在互联网初期大部分网站都是由静态网页组成，需要大量采编人员维护。而最初的网站建设计费标准，也是按照每个网页多少费用核算的。随着数据库技术的不断发展，CMS（内容管理系统）的日趋成熟，现在大多数网站建设服务商都以建设动态网页（网站）为主。

1. 什么是网页？

网页，是网站中的一个基本文件，也是计算网站信息数量的一个单位。我们访问网站时，展现在我们面前的就是一个网页，通常是HTML格式（文件扩展名有html、htm、asp、aspx、php、jsp等）。

2. 网页元素

构成网页的元素有文字、图片、动画、音乐、程序等，在网页上点击鼠标右键，选择菜单中的“查看源文件”，就可以通过记事本看到网页的实际内容。网页实际上只是一个纯文本文件，它通过各式各样的标记对页面上的文字、图片、表格、声音等元素进行描述（例如字体、颜色、大小），而浏览器则对这些标记进行解释并生成页面，于是就得到你现在所看到的画面。

网页文件中存放的只是图片的链接位置，而图片文件与网页文件存放在互相独立的文件夹，甚至可以不在同一台服务器上。

3. 静态网页

在网站中，纯粹HTML格式的网页通常被称为“静态网页”，早期的网站一般由静态网页制作的。静态网页是相对于动态网页而言，是指没有后台数据库、不含程序和不可交互的网页。静态网页更新起来比较麻烦，适用于更新较少的展示型网站。

静态网页是由HTML标记语言集合构成的，这些标记以规范的方式决定了页面在浏览器中的显示，它们以页面的结构和内容为基础，浏览器会自动对这些标记译码并显示。

HTML是网络通用的一种简单的全置标记语言。HTML语言中，标签通常是英文词汇的全称(如块引用:blockquote)或缩略语(如"p"代表段落),但它们与一般文本有区别,因为它们必须放在单书名号里,即段落标签是〈p〉,块引用标签是〈blockquote〉。

需要注意的是,标签一般是成对使用的。例如,使用一个标签如〈div〉,则必须以另一个标签〈/div〉将它关闭。"div"前的斜杠,就是关闭标签与打开标签的区别。

基本的HTML页面以标签〈html〉开始,以标签〈/html〉结束,整个页面由两部分组成—标题部分和正文部分。

标题部分,夹在标签〈head〉和〈/head〉之间,处于网页的最顶部。特别要强调的是处于head之间的〈meta〉标签,meta标签用来描述一个HTML网页文档的属性,例如作者、日期和时间、网页描述、关键词、页面刷新等,如以下示例,搜索引擎就是根据此处显示的内容进行一定程度的网页抓取。

〈meta name="keywords" content="校园威客,大学生实习,大学生实践,在线实训,C实习" /〉

〈meta name="description" content="C实习是国内首个专注大学生实践、实习的专业平台,提供大学生在线实习机会,革新现有大学实习模式,C实习"/〉

此处的keywords与description,分别为关键词与网页描述,再配合〈title〉标签(网页标题)及网页内容,搜索引擎会对该网页进行综合性判断并储存,其结果将影响其在搜索结果中的自然排名。

4. 动态网页

与静态网页相对应的被称为动态网页,其网页URL不固定,能通过后台与用户交互。动态网页并不是指页面上展现动画、视频等内容的页面,而是能够访问后台数据库。从网页文件的扩展名来看,静态网页的扩展名一般有.htm、.html、.shtml、.xml等常见形式,而动态网页的扩展名有.aspx、.asp、.jsp、.php、.perl、.cgi等形式为后缀,并且在动态网页网址中有一个标志性的符号——"?"的都被称为动态网页。

动态网页维护比较方便,如果要进行网站改版,只需要重新制作前台所访问的页面即可。只要数据库结构不变,可以很快地进行改版工作。动态页面的优点是效率高、更新快、移植性强同类页面查询时生成,不需重复制作。但是它的优点同样也是它的缺点。因为它的效率是要通过频繁地和数据库进行通信才能实现的,频繁地读取数据库会导致服务器要花大量的时间来计算,当访问量达到一定的数量后,会导致效率成倍或几倍地下降。如果有人恶意地对程序进行攻击,激发了隐藏BUG,将会造成一定的安全隐患,从而导致整个网站的瘫痪。

任务1-3 网站的相关知识

【任务目标】

- 什么是网站

- 网站有哪些类型
- 如何分辨门户资讯型网站
- 如何分辨企业门户型网站

【知识准备】

当互联网出现了网站，其商业价值才得以真正体现。全世界每天数以亿计的人通过网站获取资讯、购买商品、发布信息，网站早已深入我们生活的每一个角落。对于企业而言，网站就是企业的信息发布平台，而成功的网络营销都围绕着网站开展，网站成为所有信息最终的集散地，网站之间的互相连接形成“站群”。

1. 什么是网站？

前面我们提到了什么是网页，那什么是网站呢？网站是指根据一定的规则，使用 HTML 等工具制作的用于展示特定内容的相关网页的集合。简单地说，网站是一种通讯工具，就像布告栏一样，人们可以通过网站来发布自己想要公开的资讯或者利用网站来提供相关的网络服务。人们可以通过浏览器来访问网站，获取自己需要的资讯或者享受网络服务。

2. 网站有哪些类型？

根据不同的划分标准，网站可分成很多类型，如将网站按照设立主体性质不同可分为政府网站、企业网站、商业网站、教育科研机构网站等，按网站运营模式可分为门户资讯型、企业信息型、购物交易型、社区论坛型等，以下按照运营模式不同，介绍几种常见的网站类型。

① 门户资讯型

也称门户网站，这类网站是集合了互联网或某一行业信息资源并提供其他信息服务的系统平台。在国内，最为知名也被称为“三大门户网站”的分别是新浪：www. sina. com. cn、搜狐：www. sohu. com 和网易：www. 163. com。三大门户网站虽各有特点，但其共性在于信息资讯量大、导航栏目众多、页面感受庞杂、广告信息繁多。

以搜狐网首页(部分)(图 1－13)为例，我们可以看到，大部分门户网站采用三联式(左中右)的排版模式。由于门户网站信息资源的集中性和稀缺性，页面长度往往达到 7—8 屏(屏为计算网页尺寸单位，由于分辨率不同，屏的标准也会有差异。普遍认为一屏尺寸为宽 1001 像素×长 600 像素)。理论上讲，网页的长度可以无限延长，具体的设计则根据运营者思路和数据分析进行最终确定。

② 企业信息型网站

也称企业网站，企业网站以发布企业信息、展示企业形象、宣传企业产品为主，根据信息展示特点又分为企业宣传网站、企业营销网站、企业资讯网站等。

与门户网站不同，企业网站自身大多不盈利，访问者数量也远远少于门户网站。企业网站更多的是企业管理、营销的辅助工具，是互联网上最为全面的企业

图 1 - 13
门户网站搜狐网首页

形象展示，企业最官方的喉舌媒体，所以又称为“企业官方网站”。

以上海汽车集团官网首页（图 1 - 14）为例，可以看到，企业网站一般结构相对简单，文字与图像分列，导航清晰明了，页面只有一屏多，网站风格与企业品牌完整统一。

图 1 - 14
企业信息型网站——上汽集团首页

③ 购物交易型网站

说到购物交易型网站，我们最熟悉的莫过于淘宝、京东等网站。怎么定义购物型网站呢？网站发布商品信息并提供支付方式（线下或线上），最终使得用户能够进行商品交易的平台即被称为购物交易型网站，也称购物类网站。

购物类网站的特点在于，商品品类繁多，支持用户进行关键字检索，支持购物车、订单生成等功能。购物类网站大多需要基于会员服务，用户在购买商品时必须填写相关信息，便于购物后的产品配送和网站对于交易真实性的验证。

近几年，购物类网站也被代称为电商（电子商务）类网站。而从事淘宝、拍拍等 C2C 平台的经营者也被称为电商群体。

以图 1－15 淘宝网首页为例，可以看到，一般购物类网站搜索区域显著，产品分类清晰，快捷功能与信息区结合良好，广告文字巧妙融入图像，在不影响用户体验情况下引导用户进行产品购买。

图 1－15
购物交易型网站—淘宝网首页

④ 社区论坛型网站

社区论坛型网站是互联网较早出现的网站形式，其雏形最初为讨论组，支持注册用户进行信息发布和回复，随着 IT 技术的不断发展而发展为论坛型网站，而社区则是基于论坛之上的信息和功能更为复杂的综合性平台。

社区论坛网站的核心在于用户信息的自由发布，论坛的管理者被称为版主（也称：斑竹），负责对论坛信息的管理和用户的审核。现在大部分门户网站都建设有论坛子频道作为吸引用户的一种方式。我们常见的百度贴吧、天涯网、猫扑网都属于论坛型网站。

以天涯网论坛首页（图 1－16）为例，我们可以看到首页信息大多由用户自行发布的信息组成，与门户网站的本质区别在于其信息无需专业的编辑发布，版主只需要对信息进行选择分类，二次编辑推送即可获得浏览量，论坛也是大多数个人站长的创业首选模式。

图 1 - 16
社区论坛型网站—
天涯网论坛首页

【项目小结】

本单元学习了 WWW、IP 地址、域名、网站、网页等网站相关知识，并赏析了各类网站站点的结构、特点。这是下一步开发网站的基础。

【思考题】

1. 如何在互联网上发布网站？

2. 何为静态网页？何为动态网页？动态网页和静态网页的扩展名是否一样？

3. 什么是 IP 地址？

4. 什么是域名？

【设计题】

1. 分析门户型网站、企业网站、购物交易型网站(如:阿里巴巴、淘宝、京东、当当等)、旅游网站(如:途牛网)页面结构特点，并画出页面结构简图。

2. 浏览几家旅游公司网站，然后以小组为单位，自行模仿设计一个旅游网站，要求画出首页结构简图和二级页面结构简图。

3. 在设计题一的基础上，设计网站首页导航菜单。

项目二

02

网页设计案例分析

【项目导读】

- 了解网页基本元素
- 了解网页基本结构
- 典型网站首页结构分析

【项目重点】

- 典型网站首页网页结构分析

【项目难点】

- 网页内容与结构设计思维的培养

【关键词】

用户体验、网页元素、网页结构、门户型网站、资源型网站

【任务背景】

李晓明接受了公司旅游网站的开发工作后，对于网站要做成什么样心里没底，他决定从调研开始入手。调研从三个方面同时进行，包括用户的需求调研、当前主流网站的设计调研和同行业即当前较有影响力旅游网站的调研。在网站设计开发中，参考、借鉴主流网站的设计风格、思路、样式、功能、表现等再结合本行业的特点和本网站的用户要求进行网站设计，对提升网站设计水平，提高网站设计效率，有事半功倍的效果。

任务 2－1 网页元素构成分析

【任务目标】

- 了解网页构成元素
- 了解网页的一般结构
- 分析各类网页结构的利弊

【知识学习】

1. 用户

用户是谁？嗯……不知道……

那互联网的用户是谁？网民吗？

那网民又是谁？

……

当我们不断追问下去，寻找终极答案之时，你会发现如果不将这一问题附加上一些现实的条件，那么这个问题永远没有答案。

狭义上来讲，所谓用户，就是某一类物品或者某种技术的使用者。

今天你翻开这本书，可能你的身份是老师、学生，也可以统称为读者。但不要忘了你还有一个更为实际的身份，那就是这本书的“用户”。

近些年，业内业外都流行一些用语，比如一个词“用户体验”。

图 2－1
开灯时需要全部试一遍，停电时永远搞不清楚是否开着的开关

图 2－2
某品牌笔记本电脑，键盘上经常被误操作的 Fn 和 Ctrl 键

那什么又是“用户体验”呢，直白些讲，就是使用者在使用某一类物品或技术过程中产生的综合体会。我们觉得某网站好，而某网站不好，在这些过程中都有用户体验的因素影响。如图 2－3，某网站无节制的广告植入给用户眼花缭乱的体验，找不到重点，无从下手。

我们今天要讲的网页设计，与用户又有怎样的关联呢？

本书项目一中，我们讲到了互联网及网页的基础知识。项目二我们将重点介绍网页设计相关的知识，也希望大家在学习完本项目之后，能建立起一定的设

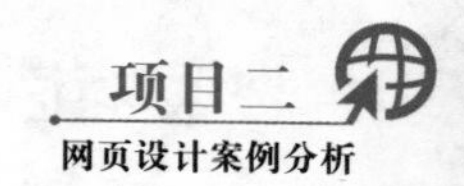

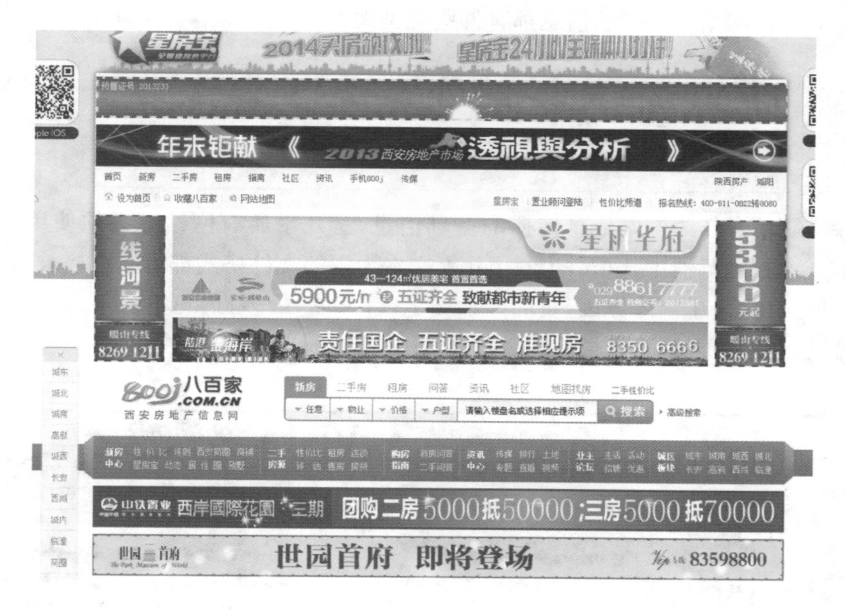

图2-3
某网站无节制的广告植入使人眼花缭乱

计思维。

在网站开发项目开展之前,我们首先要做的就是进行用户调研。

以某旅游企业网站开发项目为例,客户要求网站能展示企业品牌、介绍公司产品,并能提供产品连锁店加盟和在线订购等功能。

通过与客户的充分沟通,了解到以下信息:

◇ 企业的现状和历史、企业的发展规划

◇ 行业的现状和历史,未来的发展

◇ 产品的外形、特点、材质等(现场观察)

◇ 产品的定价、销售渠道、销售对象等

◇ 加盟商的行业特点、盈利模式

◇ 其他影响到网页规划和设计的因素

在这里,还要强调的是,客户不是只有某一个人,在沟通过程中,往往要去倾听不同方面的意见。更重要的是了解该企业的组织结构,听取最核心人士对于项目的意见。在实际的项目实施中,由于对客户需求沟通不清晰以及未将重要信息应用到项目中,最终造成项目失败的案例并不少见!

与该项目客户沟通获得的信息中,可以定义以下几种用户角色:

◇ 加盟商

◇ 购买者

◇ 客户自身

◇ 其他访问者

那么针对用户,我们该推送哪些信息、满足什么功能呢,我们来看看下一节。

2. 信息

信息,是指一切可以被获取和传播的内容。网站信息,则是以网页作为载体进行信息传播的一类信息。

能够在网站上传播的信息都有哪些类型呢？

◇ 文字

◇ 图像

◇ 动画

◇ 视频(音频)

文字信息作为网站信息传播的基础信息，是几乎所有网站都必须使用的信息形式。在浏览器中，html、txt、pdf 等文本为主的文件格式都可以直接被打开。中文网页中，由于字库原因，页面显示文字以【宋体】最多，近几年由于 win7 系统的普及，【微软雅黑】也常被使用。如图 2-4 所示。

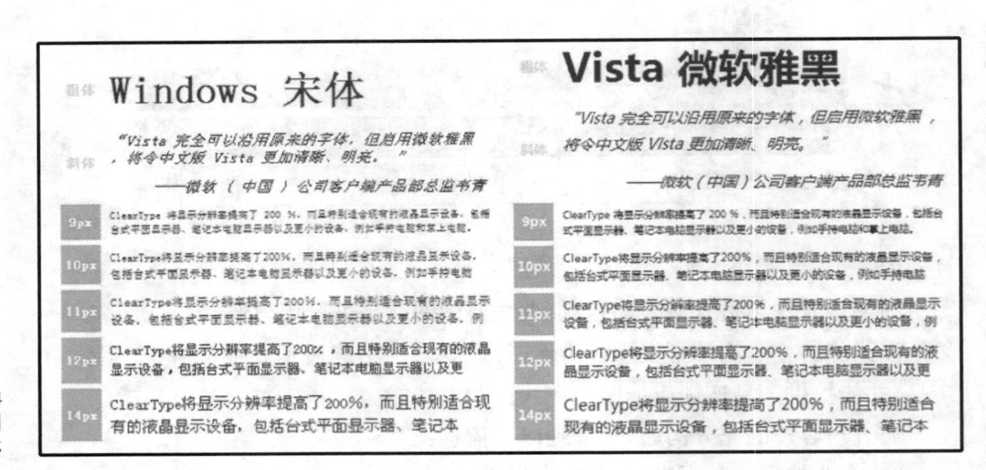

图 2-4
【宋体】与【微软雅黑】字体对比

图像信息简称为图像、图片。图像的应用使得网页内容更加丰富，效果更趋美观，图像本身的表现力也是文字信息不能比拟的。可被大部分浏览器识别的图像格式有 JPG、PNG、GIF、BMP 等。图像与文字是网页规划设计时需要最先考虑的基础元素。

动画也是常见的网页信息形式，能够显示的网页动画分为两种。一种称为 flash 动画，由 flash 软件设计而成，可以应用到网站的 Banner(通栏、顶部画面广告)等区域，以二维为主，运动感强，色彩明快。也有以 flash 技术开发成的 flash 全站，在房地产、体育用品等产品展示性较强的行业应用广泛。另一种实际上是图像，被称为 GIF 动画，应用在友情链接、广告链接等区块较多，QQ 群、微博上常被转发的小图片即是这种格式。

视频信息的网站应用源于网络带宽的发展，现在 10M、20M 的宽带已不鲜见。由于视频信息耗费大量服务器资源，虚拟主机商并不允许大量存放视频，一般的企业网站在发布视频时都会使用“外部链接”模式，先发布到优酷、56 等视频网站，再获取链接地址发布到自己网站。如图 2-5 所示。而门户、购物类网站则以自建视频(流媒体)服务器为主。

3. 功能

在网站中，所有具备交互性和目的性操作的过程都称为功能。功能与信息相对应，如果从网页界面属性进行划分的话，则分为信息区与功能区。

图 2-5
某视频下方分享代码，可复制到 HTML 编辑器内

简单来讲，我们所看到的新闻、图像属于信息。而注册、发表文章等则属于功能。从静态网站发展到动态网站，功能的实现是其一大特征。

功能区的规划与网站程序开发紧密相关，企业网站的功能相对简单，一般规划如下：

◇ 导航栏目
◇ 站内信息搜索
◇ 在线咨询
◇ 留言版
◇ 产品订购(不含支付流程)
◇ 友情链接
◇ 其他

如图 2-6，西安飞鹰亚太航空模拟设备有限公司首页功能区位置所示。

图 2-6
某企业网站功能区

4. 结构

网页结构是网页界面的布局，也被称为网页版式、网页布局，是最为关键的基础性设计。信息能否传递清晰、功能是否设计合理都与网页结构都有密切的关系。

我们在这里介绍几种常见的页面结构形式：

（1）三联式结构。这种版式多应用于门户类网站，如图 2－7 网易首页结构所示。页面主体部分被分割为三大区块，多以信息区域为主，功能区穿插其中。这种版式的特点在于结构清晰、信息明确，呈现的信息量大。门户类网站首页一般分门别类地排列信息标题链接和专题链接，单击链接后进入详细信息页或专题页。当然门户网站不一定都采用三联式网页结构，也有采用其他网页结构的。推荐浏览新浪网、搜狐网、凤凰网等门户网站，分析比较门户类网站哪种页面结构更适宜。

图 2－7
网易采用的三联式网页结构

（2）通栏式结构。如图 2－8 为华为集团官网首页，该页采用的是通栏式网页结构。这种布局形式多应用于企业网站首页，重点突出企业形象，形象图和导航以通栏方式展现，信息区分割明确。这种结构一段时间非常流行。由于企业网站相对于门户网站信息量小，页面可利用空间大，采用通栏式结构可以借助有冲击力的色彩和精美图片，达到丰富页面，吸引眼球，给浏览者留下深刻印象的宣传目的。此种结构重点突出，品牌展示效果较好。

图 2-8
华为采用的通栏式网页结构

(3) 两联式结构。如图 2-9,C 实习网站两联式网页结构。这种布局形式常见于社区论坛、企业网站等。这种结构当前较少用于网站首页,多用于新闻网站、门户网站、购物网站等的二级页面或专题页面。

图 2-9
C 实习网站采用的
两联式网页结构

两联式结构页面主体部分被划分为两大区块,左、右 7/3 或 3/7 比例分割,分割点多在黄金比例位置。一般 7/3 分割的网页左面显示详细信息(链接或搜索结果，如新闻详细信息等)，右面显示与之相关的链接或广告等；3/7分割的网页一般左面显示链接，右面显示详细信息或专题内容。

实际使用中，有些简单的网页可能采用一种网页版式，而多数复杂的网页(主要是首页)一般是将以上几种网页版式结合起来使用。

任务2-2 网站首页页面结构分析

【任务目标】

- 主流网站首页页面结构分析

【知识学习】

1. 门户网站——新浪网首页结构分析

新浪是一家面向全国及全球华人社群的网络媒体公司。新浪网为全球用户24小时提供中文资讯，内容覆盖国内外新闻或突发新闻事件、体坛赛事、娱乐时尚、产业资讯、实用信息等，设有新闻、体育、娱乐、财经、科技、房产、汽车等30多个内容频道，同时开设博客、视频、论坛等自由互动交流空间。新浪通过门户网站新浪网、移动门户手机新浪网和社交网络服务及博客服务、新浪微博组成的数字媒体网络，让广大用户通过互联网和移动设备获得专业媒体和用户自生成的多媒体内容(UGC：用户生成内容或用户原创内容)并与友人进行兴趣分享。

从网页风格来看，新浪是典型的门户网站设计风格。文字内容丰富，以大量的信息为主。新浪的首页色彩明快、结构简约，经历多次改版之后，设计细节愈加成熟，而庞大的访问量所带来的用户数据又反向驱动着网站设计，使用户体验更加良好。

新浪首页采用两联式+通栏式结构，网页划分为以下几个区域，如图2-10新浪网首页结构简图所示。

<table>
<tr><td colspan="3">① 网站附加功能导航区</td></tr>
<tr><td>② 网站标志区</td><td>③ 信息搜索区</td><td>④ 温馨服务区</td></tr>
<tr><td colspan="3">⑤ 主导航区
(频道区或主题区)</td></tr>
<tr><td colspan="3">⑥ 网站标志区+广告宣传</td></tr>
<tr><td rowspan="2">⑦ 广告区</td><td>⑧ 分类信息区</td><td>⑨ 分类信息区</td></tr>
<tr><td>⑩ 分类信息区</td><td>⑪ 分类信息区</td></tr>
<tr><td colspan="3">⑫ 底部广告区</td></tr>
<tr><td colspan="3">⑬ 网站信息区+友情链接区</td></tr>
</table>

图2-10
新浪网站首页结构简图

新浪网首页效果如图2-11所示。

图 2-11
新浪网页面区块分析

(1) 网站附加功能导航区,如图 2-11 中①。区别于传统导航栏,网站主推功能导航区不会因为页面的滚动而消失,而是固定于顶部,便于访问者随时点击。由于新浪网频道、分站众多,顶部为最热门频道、分站,我们可以看到在移动互联网大潮来袭的今天,黄金的位置有【手机新浪网】与【移动客户端】,可一窥其移动互联网战略。紧随其后的为【微博】、【博客】等支柱频道。

(2) 网站标志区,如图 2-11 中②、⑥。网站标志包括 logo 和 Banner。Logo 是网站的标志和名片,如搜狐网站的狐狸标志,如同商标一样。logo 是网站特色和内涵的集中体现,看见 logo 就联想起网站。一个好的 logo 往往会反映网站的某些信息,特别是对一个商业网站来说,可以从中基本了解到这个网站的类型或内容。网站标志的色彩定位,会引导整个页面的色彩风格。新浪网的 logo 采用网站名字加上精心设置的网站标志,简洁清晰,让用户过目不忘。色彩上采用黑、红色系。新浪网的广告区域最新设计为通栏式 Banner,围绕 Banner 放置了文字链广告,为了保证文字广告的显示效果,编辑进行了截字处理,控制到 7—8 字之内。广告区底部的灰色减弱了色彩对比,使广告能较好地融入页面。

(3) 信息搜索区，如图 2－11 中③。对于信息量庞大网站，搜索功能十分重要。我们对比淘宝、京东，即能看到搜索区域都占据视觉关键位置。门户网站因已将信息分门别类列出，搜索功能就显得不那么重要，其功能也不如专用搜索引擎如百度、谷歌那么强。新浪的搜索默认为微博搜索，关键词动态提示。【搜索】按钮为橙色，在第一屏视觉点中最直接(除广告外)。

(4) 温馨服务区，如图 2－11 中④。所在地天气信息传递给访问者亲切、关心的感受，也是情感化设计的体现(情感化设计即考虑到用户状态和心理进行设计，使用户感到面对不是冷冰的工具或技术)。其后可加链接到某网站的跳转。

(5) 主导航区，如图 2－11 中⑤。主导航栏(或称频道区或主题区)为整个网站的目录，是网站结构的核心，频道之间的链接跳转都要靠导航实现。这里导航字体使用了微软雅黑，区别于内容字体。根据属性差异及数据分析，主导航又分为七个区块，每个区块第一列(竖形)字体加粗，特色或主推栏目红色字体提亮。

(6) 广告区，如图 2－11 中⑦。竖形广告与新浪产品相结合，两张广告图分离式设计，避免了广告过于集中带来的信息烦躁感。

(7) 分类信息区，如图 2－11 中⑧、⑨、⑩、⑪。这里是网站最主要的新闻服务区。网站将视频综艺栏目、头条级热点新闻、体育、财经等信息分类排列显示，又将用户经常查询的信息，如数码产品、手机等分析购买信息，以及提供服务增加用户粘性的如健康、旅游、房产、教育、育儿、电子书等信息分门别类显示。新闻字体以墨蓝色为主，浏览时视觉感受更舒适，信息以列表式排列，通过字体色彩、间距、ICON 图标等方式进行差异化处理，使新闻标题更加明晰。

(8) 底部广告区，如图 2－11 中⑫。底部广告区域，点击量相对较少。

(9) 网站信息区＋友情链接区，如图 2－11 中⑬。底部导航，版权声明、联系方式、关于我们等，政策要求的各类证书链接。

2. 企业网站——联想集团首页结构分析

联想集团是一家在信息产业内多元化发展的大型企业集团，富有创新性的国际化的科技公司。由联想及原 IBM 个人电脑事业部所组成。公司成立于 1984 年。从 1996 年开始，联想电脑销量一直位居中国国内市场首位，2013 年，联想电脑销售量升居世界第 1，成为全球最大的个人 PC 生产厂商。

作为全球个人电脑市场的领导企业，联想从事开发、制造和销售 IT 技术产品并提供优质专业服务。联想公司主要生产台式电脑、服务器、笔记本电脑、打印机、掌上电脑、主板、手机等产品。

由于联想集团产品线丰富，网站的设计需要考虑产品的合理化分类展示。同时要考虑到众多的联想产品用户，客户服务等功能也是尤其重要的。购物类网站的冲击使得联想也设置了商城栏目进行在线直销。

联想集团首页采用通栏式结构，网页划分以下几个区域，如图 2－12 所示：

<table>
<tr><td rowspan="2">① 网站标志区</td><td rowspan="2">② 功能切换区</td><td>③ 用户登录区</td></tr>
<tr><td>④ 产品快速销售区</td></tr>
<tr><td colspan="2">⑤ 导航区(按用户与服务分)</td><td>⑥ 信息搜索区</td></tr>
</table>

（续表）

⑦ 网站标志区＋广告区		
⑧ 导航区（按产品分）		
⑨ 企业新闻区		
⑩ 产品展示区		
⑪ 售后服务区	⑫ 售后服务区	
⑬ 网站信息区＋友情链接区		

图 2－12
联想集团网站首页结构简图

联想集团首页运行效果如图 2－13 所示。

图 2－13
联想集团网站首页区块分析

（1）网站标志区，如图 2－13 中①、⑦。网站标志 logo 用艺术字突出联想集团品牌。网站 Banner，用形象化广告图像设计推出主打宣传口号、展示最新产品、突出产品特点、活动等，给浏览者留下深刻印象。

（2）导航区，如图 2－13 中⑤、⑧。导航区分为两块，第一块按服务对象和服务划分，导航栏目清晰，触发后出现下拉菜单，增加可用性。第二块按产品分类进行划分并设计成导航链接，便于用户在了解广告后有针对性地进行点击购买。

（3）功能切换区，如图 2－13 中②。切换国家、地区，以不同的语言显示网页。

（4）信息搜索区，如图 2－13 中⑥。由于导航已将产品线分类完整，此处的搜索以全文泛搜索为主，搜索框较短，对导航栏目进行功能补充。

(5) 用户登录区，如图 2-13 中③。联想通行证用户登录、注册区域，位于页面右侧方便用户用鼠标操作。未登录状态下无法进行【账号管理】操作。

(6) 企业新闻区，如图 2-13 中⑨。放置企业最新的新闻，让用户了解企业的发展、新产品、新活动，树立企业形象，增加用户对企业的信任。

(7) 产品展示区，如图 2-13 中⑩。联想首页将 Banner 和新产品展示合二为一，用有视觉冲击力的图像占据网页主要位置，是目前较流行的企业网站做法。一般情况下，产品展示区作为企业最新商品或主打商品的展示位置。单击某产品，可进入该产品或该类产品的详细信息页，使用户了解更多的产品信息。

(8) 产品快速销售区，如图 2-13 中④。提供销售网点和销售热线电话，方便用户实现快速购买。

(9) 售后服务区，如图 2-13 中⑪、⑫。提供销售店面和服务网点地址，以及在线进行满意度调查等。

(10) 网站信息区＋友情链接区，如图 2-13 中⑬。底部导航，版权声明、联系方式、关于我们等，政策要求的各类证书链接。

3. 教育网站——C实习网站首页结构分析

C实习网站(http://www.cshixi.com)是一个专注于提升大学生就业能力可互动的学习成长型网络平台。该平台依托互联网协会，结合公司与全国 1000 家大、专、高职、中职院校的合作关系及强大的行业背景，打造一个连接企业、高校学生、教师与学校的为大学生实习与求职提供服务与支持的综合性平台。它围绕"实习—招聘"基于不同对象之间的诉求及需要提供：实习项目的发布与参与，工作岗位提供与应聘，不同客户关系间信息的分享与传播以及独特高效的人才筛选机制等。

C实习主要用户有以下几类：

学生：参加实习项目，积累工作经验，将知识化为实践。

老师：带领学员参与项目/项目制作，让学生在实践中成长。

学校：发布校园活动邀请函，让企业走进大学校园。

专家：发表权威点评，引领学生走向职场。

企业：发布实习项目及招聘信息，让中国五百万在校大学生为您工作。

C实习的网站设计以社区论坛类网站布局为基础，加入了威客类网站风格。整体结构简练、直白，是轻设计的代表网站之一，与 APPLE 风格一脉相承。区块分割合理，网站广告文案与受众喜好相一致，字体与色彩应用比例适当，图像处理符合整体色调。

C实习首页采用通栏式＋两联式 7/3 分割式样结构，如图 2-14 所示。网页可划分以下几个区域。

<table>
<tr><td>① 网站标志区</td><td>② 导航区</td><td>③ 用户登录区</td></tr>
<tr><td colspan="3">④ 网站标志区＋广告宣传</td></tr>
<tr><td colspan="2">⑤ 最新主推任务区</td><td>⑥ 提升网站粘度区
(博客、微博等)</td></tr>
</table>

（续表）

<table>
<tr><td>⑦ 热门项目区</td><td>分类信息区</td><td></td><td>⑧ 公告栏</td></tr>
<tr><td>⑨ 学校选择区</td><td></td><td></td><td rowspan="5">⑪ 微博信息区</td></tr>
<tr><td>⑩ 课程选择区</td><td></td><td></td></tr>
<tr><td colspan="3">⑫ 用户区</td></tr>
<tr><td colspan="3">⑬ 友情链接区</td></tr>
<tr><td colspan="4">⑭ 网站信息区</td></tr>
</table>

图 2 - 14
C 实习网站首页结构简图

C 实习网站首页运行效果如图 2 - 15 所示。

图 2 - 15
C 实习网站首页区块分析

(1) 网站标志区，如图 2－15 中①、④。网站标志 logo 突出 C 实习品牌。网站 Banner，通过广告图形象化的设计展示网站产品特色、网站主题、活动、广告等信息清晰明了。网站标志区色彩定位整站风格。

(2) 导航区，如图 2－15 中②。导航栏简约明了，空白位置预留，未来添加栏目简便。

(3) 用户登录区，如图 2－15 中③。提供多种方式登录，实现 QQ、微博用户一键登录，扩展性更强。

(4) 最新主推任务区，如图 2－15 中⑤。补充 Banner，与【任务】相关，吸引访问者参与。

(5) 提升网站粘度区，如图 2－15 中⑥。网站附带博客、日志等，通过了解文章可以关注个人。

(6) 热门项目区，如图 2－15 中⑦。类似威客模式，与【任务】栏目对应。

(7) 公告栏，如图 2－15 中⑧。显示网站发布的公告，并设置常见问题栏，综合常见问题进行解答。

(8) 学校选择区，如图 2－15 中⑨。列出热门培训学校，引导访问者加入。

(9) 课程选择区，如图 2－15 中⑩。展示课程，用户可选择不同培训课程。图形化的课程标志设计引导访问者进行下一步的栏目点击。

(10) 微博信息区，如图 2－15 中⑪。网站引入微博信息，通过推送一些用户的体验，使浏览用户增加对网站的信任，促进课程销售。

(11) 用户区，如图 2－15 中⑫。热门用户由后台推送，用户访问时增加存在感，点击后了解用户的详细信息。也为新浏览者起到示范作用。

(12) 友情链接区，如图 2－15 中⑬。合作企业网站链接，点击后跳转。

(13) 网站信息区，如图 2－15 中⑭。版权信息、帮助中心、新手指南等。

小提示

目前我国的网络用户多采用 1280×800、1280×960、1280×1024 等分辨率(单位为像素(px))显示器，对同一网页不同分辨率下显示效果不同。对于采用 1280×960 分辨率的屏幕，制作网页时一般按照 1280×960 分辨率来设计，页面宽度不超过 1 屏。

如果按照 1280×960 分辨率的规格来设计网页，考虑浏览器一般都有一个 20px 宽的纵向滚动条，网页的实际宽度必须小于 1280px，如果网页的左边距设置为 0，网页的宽度通常设置为 1200px 左右，如果左、右设置边距，则网页的宽度为 1200—左边距—右边距。

从理论上讲网页的长度可以是无限的，但从网页的速度和浏览者的耐心来考虑，网页一般不宜超过 3 屏，最佳长度为 1.8—2.5 屏。

一般来说，网页首页的大小(包括所有图像、文本、多媒体)不宜超过 30 KB，网站的二级页面不宜超过 45 KB。如果网页过大，会影响网页下载速度。

【思维拓展】

网页的版面设计以提升网页美感,提高阅读兴趣,吸引人们注意力为目的。网页页面的内容包括文字和图像,文字又分为标题和正文。有的文字较大,有的文字较小,有的图像横排,有的图像竖排。页面内容的编排要充分利用有限的屏幕,力求做到整体布局合理,有序化和整体化。网页的设计,是技术与艺术的结合,是内容与形式的统一。网页编排要遵循以下原则:

● 突出中心,理清主次

制作者首先要将页面涵盖的内容根据整体布局的需要进行分组归纳,将构成版面的各元素组织成统一整体。要求版面分布具有条理性,内容丰富多彩而又简洁明快。页面排版要求符合浏览者的阅读习惯、逻辑认知顺序。如一般将导航栏或内容目录安排在页面的上面或左面。

当许多构成元素位于同一个页面上时,必须考虑浏览者的视觉中心,这个中心一般在屏幕的中央或中间偏上的部位。因此,一些重要的文章和图片一般可以安排在这个位置,在视觉中心以外的地方可以安排一些次要内容。

● 搭配合理,大小呼应

对于较长的文章或标题,较大的图片,要注意不要编排在一起,要设定适当大小的距离,互相错开,大小之间要有一定的间隔,这样可以使页面错落有致。

● 图文并茂,相得益彰

网页中的文字和图片具有一种相互补充的视觉关系。如果页面上文字太多,网页将显得沉闷缺乏生气,如果页面上图片太多而文字太少,则显得网页中的信息量不足。

【项目小结】

网站主页风格的形成主要依赖于主页的版式设计、页面的色调处理和图片与文字的组合形式等。任何网页都要根据主题的内容来决定其风格与形式。这些问题看似简单,但往往需要网页设计与制作者具有一定的美术素质和修养。

本单元学习了网页设计相关知识,了解了网页基本结构,并分析了三类网站的首页布局设计,这将为李晓明进行旅游网站设计提供借鉴和参考。

【设计题】

1. 搜索并归纳网页版式。

2. 搜索并分析至少二个网站的首页设计。

3. 搜索至少三个旅游网站,分析其栏目设置和网页布局。

4. 设计旅游网站的栏目和页面版式,用表格的形式列出各级标题,用草图画出首页、二级页的简图。

项目三

03

网页图像制作工具

【项目导读】

- 了解主流图像处理软件
- 掌握图像处理软件 Photoshop 的基本操作

【项目重点】

- 图像处理软件 Photoshop 的基本操作

【项目难点】

- 图像处理软件 Photoshop 的使用

【关键词】

图像处理、选择工具、魔棒工具、文字工具

【任务背景】

晓明接到公司的任务后就开始搜集和设计网页中需用的图像素材。晓明了解到当前网页中使用的图片多为 GIF 和 JPG 格式的图片,这两种图片占用字节少,网页下载速度快。当前比较主流的图像处理软件是 Photoshop。晓明决定用 Photoshop 设计制作网站 logo,再用 Photoshop 处理一些网页中用到的图片,如配文字、裁剪、添加效果等。

任务3－1　了解主流图像处理软件

【任务目标】

- 了解目前网页制作使用的主流图像处理软件

【知识准备】

1. Adobe Photoshop

Adobe Photoshop，简称“PS”，是一个由 Adobe Systems 开发和发行的图像处理软件。其应用领域广泛，在图像、图形、文字、视频、出版等各方面都有涉及，是从事电影、视频和多媒体领域工作以及进行动画、Web 设计、工程和科学领域等工作最理想的专业图像处理软件之一。

Photoshop 主要处理以像素所构成的数字图像。使用其众多的编修与绘图工具，可以更有效地进行图片编辑工作。2003 年，Adobe 将 Adobe Photoshop 8 更名为 Adobe Photoshop CS。2013 年，Adobe 公司推出了最新版本的 Photoshop CC，自此，版本 Adobe Photoshop CS6 成为 Adobe Photoshop CS 系列最后一个版本。PS 有强大的功能，易学易用。

Photoshop 的专长在于图像处理，而不是图形创作。图像处理是对已有的位图图像进行编辑加工处理以及运用一些特殊效果，其重点在于对图像的二次再造。图形创作软件是按照自己的构思创意，使用矢量图形来设计图形，这类软件主要有 Adobe 公司的另一个著名软件 Illustrator 和 Micromedia 公司的 Freehand。

2. Adobe Fireworks

Adobe Fireworks 是 Adobe 推出的一款网页作图软件，是一款创建与优化 Web 图像和快速构建网站与 Web 界面原型的理想工具软件，可以加速 Web 设计与开发。Fireworks 不仅具备编辑矢量图形与位图图像的灵活性，还提供了一个预先构建资源的公用库，并可与 Adobe Photoshop、Adobe Illustrator、Adobe Dreamweaver 和 Adobe Flash 软件无缝集成。在 Fireworks 中可以将设计迅速转变为模型，或利用来自 Illustrator、Photoshop 和 Flash 的其他资源。然后直接置入 Dreamweaver 中轻松地进行开发与部署。

Fireworks 大大简化了网络图形设计的工作难度，无论是专业设计家还是业余爱好者，使用 Fireworks 都不仅可以轻松地制作出十分动感的 GIF 动画，还可以轻易地完成大图切割、动态按钮、动态翻转图的制作等。因此，对于辅助网页编辑来说，Fireworks 是最好的软件之一。借助 Fireworks，可以在直观、可定制的环境中创建和优化用于网页的图像并进行精确控制。Fireworks 的优化工具可在最佳图像品质和最小压缩大小之间达到平衡。利用可视化工具 Fireworks，无需学习代码即可创建具有专业品质的网页图形和动画，使网页更美观、更专业。

任务 3－2 图像处理软件 Photoshop

【任务目标】

- 了解图像处理软件 Photoshop 的工作界面及基本工具

【知识准备】

1. Photoshop 主界面

Photoshop 软件的主界面主要是由标题栏、属性栏(又称工具选项栏)、菜单栏、图像编辑窗口、状态栏、工具箱、控制面板这几个部分所组成。

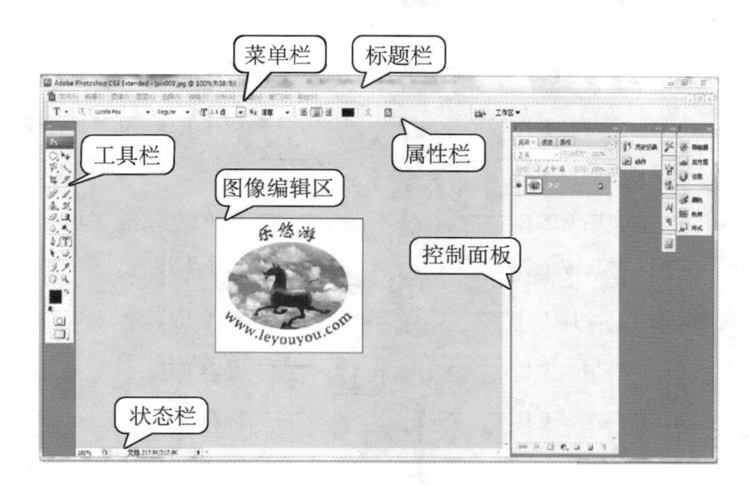

图 3－1
photoshop 主界面

(1) 标题栏。位于主窗口顶端,最左边是 Photoshop 标记,右边分别是最小化、最大化/还原和关闭按钮。

(2) 菜单栏。菜单栏为整个环境下所有窗口提供菜单控制。Photoshop 主窗口设置了九个菜单项,包括文件、编辑、图像、图层、选择、滤镜、视图、窗口和帮助。Photoshop 中一般通过两种方式执行命令,一是菜单,二是快捷键。

(3) 属性栏。又称工具选项栏,选中某个工具后,属性栏就会改变成该工具的属性设置选项,用于更改相应的属性选项值。

(4) 图像编辑窗口。中间窗口是图像编辑区,它是 Photoshop 的主要工作区,用于显示图像文件。图像窗口带有自己的标题栏,提供了打开文件的基本信息,如文件名、缩放比例、颜色模式等。如同时打开两副图像,可通过单击图像窗口进行切换。图像窗口切换也可使用 Ctrl＋Tab。

(5) 状态栏。主窗口底部是状态栏,由三部分组成:

文本行,说明当前所选工具和所进行操作的功能与作用等信息。

缩放栏,显示当前图像窗口的显示比例,用户也可在此窗口中输入数值后按回车来改变显示比例。

预览框,单击右边的黑色三角按钮,打开弹出菜单,选择任一命令,相应的信息就会在预览框中显示。

(6) 工具箱。工具箱中的工具可用来选择、绘画、编辑以及查看图像。拖动工具箱的标题栏,可移动工具箱;单击可选中某工具或移动光标到某工具上,属性栏会显示该工具的属性。有些工具的右下角有一个小三角形符号,这表示在这个工具位置上存在一个工具组,其中包括若干个同类工具。

(7) 控制面板。Photoshop 共有 14 个控制面板,可通过菜单"窗口/显示"来显示控制面版,按 Tab 键,自动隐藏命令面板,属性栏和工具箱,再次按键,显示以上组件。按 Shift+Tab,隐藏控制面板,保留工具箱。

2. Photoshop 工具箱

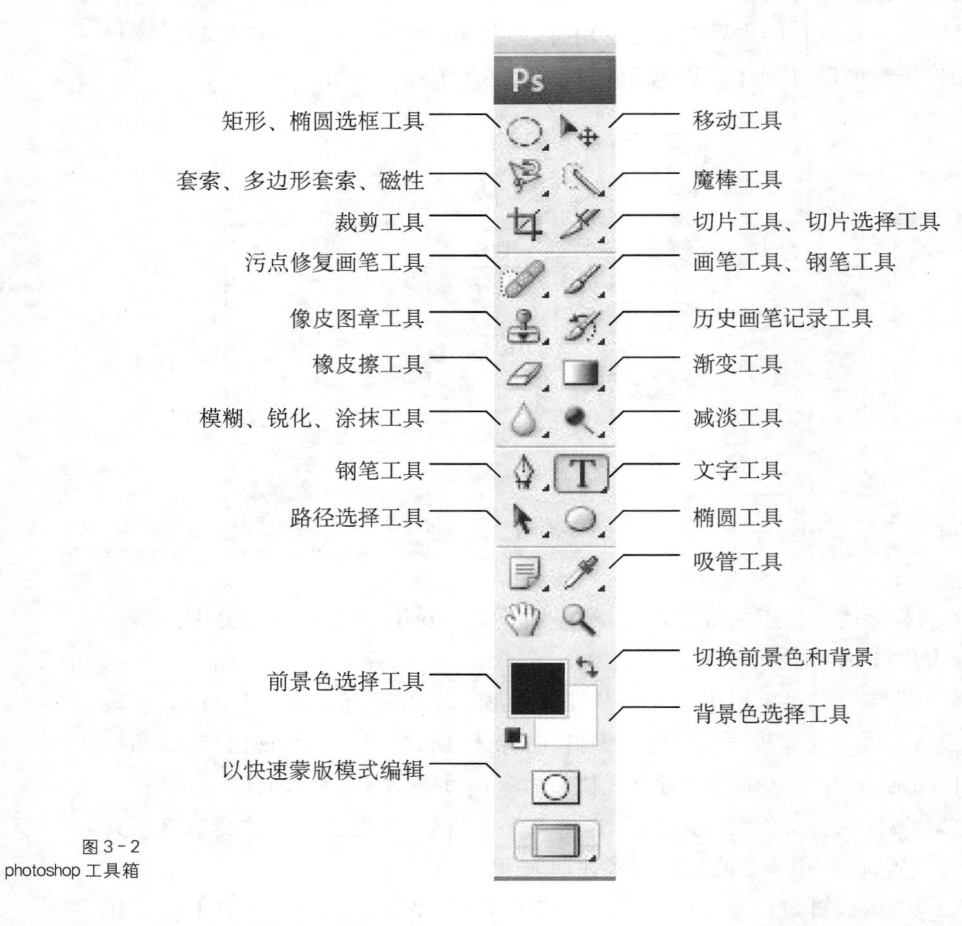

图 3-2
photoshop 工具箱

任务 3-3 Photoshop 基本操作

【任务目标】

- 掌握 Photoshop 基本操作

【任务内容】

- 用 Photoshop 制作 logo 图标和 banner

【知识准备】

logo是微标或者商标的英文名称,网站logo是一个网站的图形标志,代表一个网站。logo在网页设计中占有很重要的地位,有画龙点睛的作用。同时,logo的设计风格将会决定整个网站的设计风格。

为了便于在互联网上传播,logo的设计需要一个统一的国际标准。目前,网站logo有以下4种规格(单位为像素)。

1. 88×31　这个尺寸的logo主要用于友情链接。
2. 120×60　这个规格主要用于首页上。
3. 120×90　这是个比较大型的logo规格。
4. 200×70　较少使用。

任务3-3-1　用Photoshop制作网站logo

【任务分析】

本任务用Photoshop制作一个网站logo。李晓明要开发的网站是一个旅游网站。所以李晓明设计用马踏飞燕图来制作logo,他找到一个马踏飞燕雕像图,他想,如果能给它配一个蓝天白云的背景,天马行空的感觉与旅游网站更贴切。于是他又找到一张蓝天白云图,决定把马踏飞燕图贴到蓝天白云的背景上。

【任务实施】

第一步,打开素材文件。【文件】→【打开】,选择本书提供的素材图片"ma.jpg",在Photoshop工作区中打开马踏飞燕素材图片,如图3-3所示。

图3-3
ma.jpg

第二步,抠图。抠图是Photoshop中常用的操作。抠图首先要把要抠取的部分选中,选中后即可进行移动、复制、旋转、扭曲、缩放和粘贴了,选取的工具有很多,这里选用魔棒进行选取。使用魔棒工具能够快速选择颜色相近的区域。如图3-4所示,用魔棒工具单击图上马以外的背景区域的任一点,则自动出现一个闪烁虚线包围的区域,若没选全,则按shift键配合鼠标左键单击选择需要的其他区域。注意,除选择第一个区域外,增加选区均需按shift键配合鼠标左键单击。

图 3-4
用魔棒工具选择区域

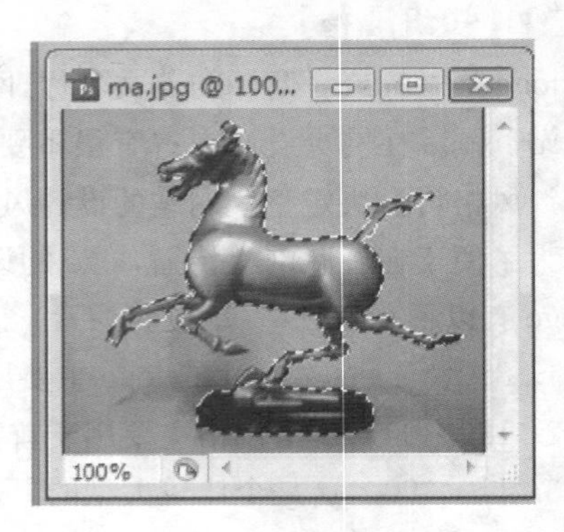

图 3-5
反选后效果

马以外的区域选择完毕后，单击菜单【选择】→【反向】，则马被选中，如图 3-5 所示。再用魔棒工具配合 shift 键和鼠标左键将马个别未选中的地方选中。这里，也许有读者会问，为什么不用魔棒工具直接选马图像呢？首先，这匹马的图像有明有暗即有高光区，颜色差别较大，而魔棒的特点是选择颜色相近的区域，因此用魔棒选中的范围比较小。其次，马腿、马尾等部分区域小，更不易选中，所以本例采用先选颜色差异小的背景，再反选的方式。

第三步，复制马图。选全马后，单击菜单【编辑】→【拷贝】，将马图复制。

第四步，两图合并。单击菜单【文件】→【打开】，选择本书提供的素材图片“yun. jpg”，在 Photoshop 工作区中打开云素材图片，如图 3-6 所示。

【编辑】→【粘贴】，将全马图粘贴在蓝天白云的背景中，如图 3-7 所示。

图 3-6
yun. jpg

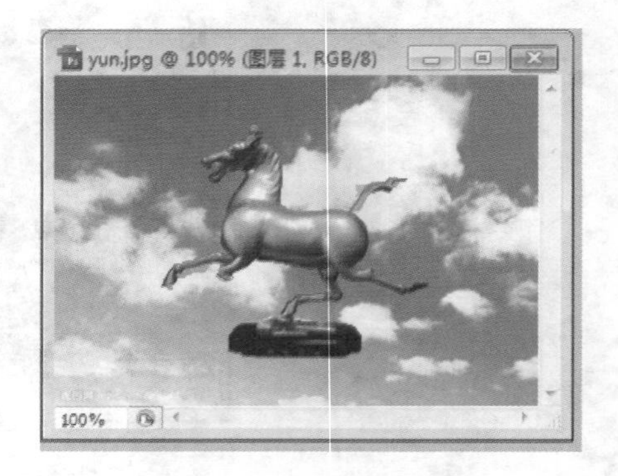

图 3-7
粘贴后效果

粘贴后，马图和背景图处于同一个文件中的不同图层上。Photoshop 的一个文件可以有很多图层，但只对当前即被选中的图层进行操作。可以将多个图层合并为一个图层，其过程不可逆。若各层图像不需修改了，则可合并。

将图层合并。右击图像马所在图层，在弹出的快捷菜单中选择【合并可见图层】。

第五步，剪切图。用椭圆选框工具选择需要的图像，如图 3-8 所示，单击菜

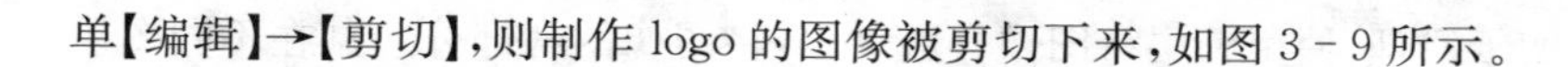
单【编辑】→【剪切】，则制作 logo 的图像被剪切下来，如图 3－9 所示。

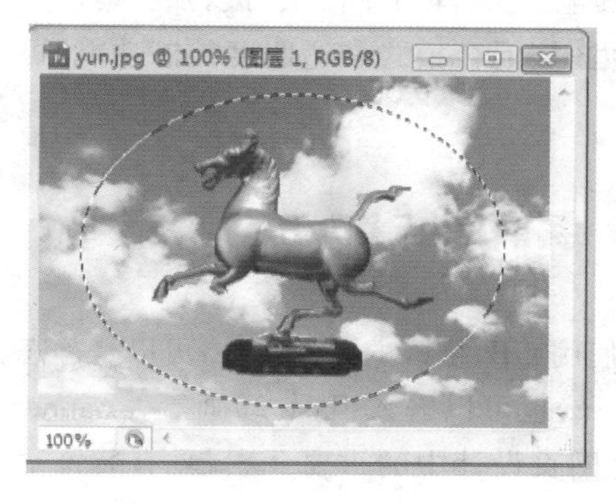

图 3－8
选择区域

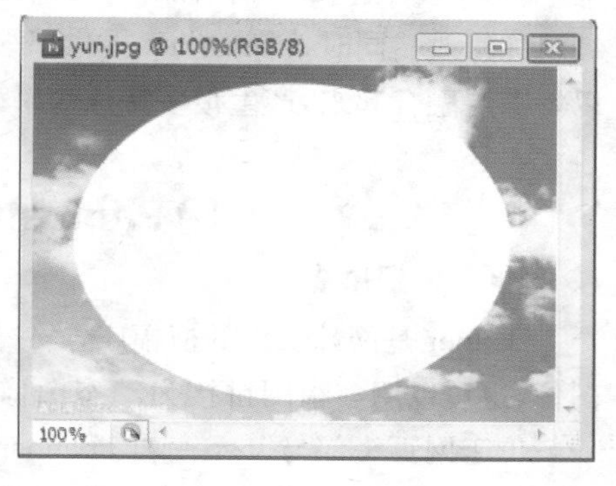

图 3－9
剪切所选区域

新建一个文件，宽 8 厘米，高 13 厘米。单击菜单【编辑】→【粘贴】，将以上制作的马踏飞燕和蓝天白云背景图粘贴到新文件。

第六步，添加文字。设置好前景色，使用文字工具 T 单击图像中要放置文字的位置，写入 www. leyouyou. com，通过文字属性设置工具栏 Lucida Sans Demib... 24点 浑厚 设置字型、字体、字号，用文字变形工具，设置文字形状，设置参数如图 3－10 所示。添加文字后效果如图 3－11 所示。为 logo 图在图上方添加文字“乐悠游”操作与此类似，不再赘述。

第七步，保存文件。单击菜单【文件】→【存储】，为文件命名 logo. jpg，选择 jpg 格式。

网站 logo 制作完毕。

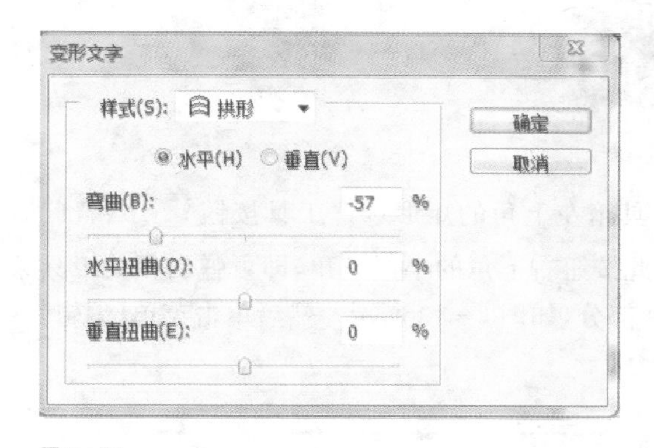

图 3－10
变形文字设置对话框

图 3－11
添加文字效果

【知识拓展】

图层。图层这个概念来自动画制作领域。为了减少重复工作，动画制作人员使用透明纸来绘图，将动画中的变动部分和背景图分别画在不同的透明纸上。这样背景图就不用重复绘制了，将透明纸叠在一起就组成了一幅图。Photoshop

参照了透明纸原理，使用图层将图像分层，用户将图像的各部分绘制在不同图层上，在这个图层上如何图画都不会影响到其他图层，即每个图层可以独立地进行编辑和修改。同时，Photoshop 提供了多种图层混合模式和透明度控制功能，可以将图层融合起来，产生很多特殊效果。

任务 3-3-2 用 Photoshop 制作网站 banner

【知识准备】

Banner 是网站页面的横幅广告，一般使用 GIF 格式的图像文件，可以是静态图像，也可以用多幅图拼接为动态图像，当然也可以嵌入 flash 动画等。Banner 一般位于网页头部与 logo 一样，Banner 是网页设计中的重要元素，具有装饰页面、突出主题吸引浏览者的作用，甚至直接决定了浏览者的停留时间。

Banner 一般由两部分构成，文字和辅助图。辅助图的设计要考虑网站的性质、定位，以及整个网站的风格色彩基调；文字则要短小精悍，突出主要信息。

Banner 规格尺寸大小不一，设计者要在网页内容展示和 Banner 画面广告装饰之间把握平衡。

【任务实施】

第一步，导入素材图片。单击菜单【文件】→【打开】，选择本书提供的素材图片"yiheyuan. jpg"，在 Photoshop 工作区中打开颐和园素材图片，如图 3-12 所示。

图 3-12
颐和园素材图片

第二步，裁切图片。单击工具箱左上角的矩形选框工具按钮 （若此时不是矩形选框工具按钮，则单击此按钮右下角的小黑三角，即可弹出相关工具菜单），在图上选择没有文字的图片部分，如图 3-13 所示。然后单击菜单【编辑】→【剪切】，即可裁下需要的图片。

图 3-13
在图片上设置选区

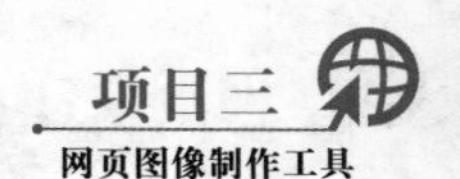

第三步，新建一个文件，将裁剪好的图片粘贴进来。单击菜单【文件】→【新建】，出现新建文件对话框，如图 3-14 所示。设置文件名称和高度、宽度，单击【确定】按钮即可。单击新文件工作区，单击菜单【编辑】→【粘贴】，即可将裁剪后的图片粘贴进来。

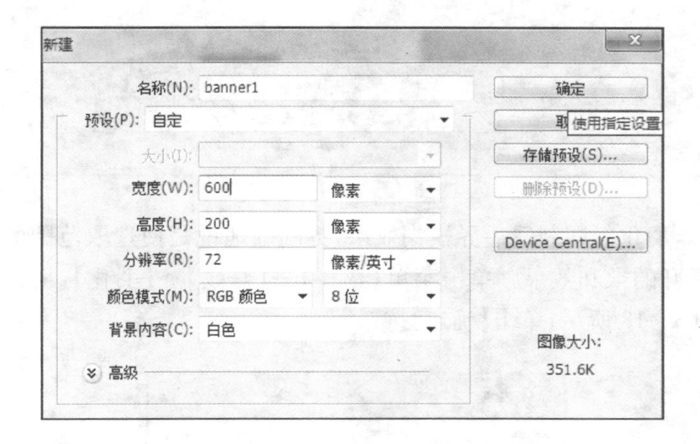

图 3-14
新建文件对话框

第四步，新建一个图层。单击菜单【图层】→【新建】→【图层】，弹出新建图层对话框，如图 3-15 所示，单击确定按钮即可创建一个名称为“图层 1”的新图层。在图层工作面板上可以看到所有图层，如图 3-16 所示。如想暂不看到某图层效果，单击该图层前的眼睛 按钮即可。

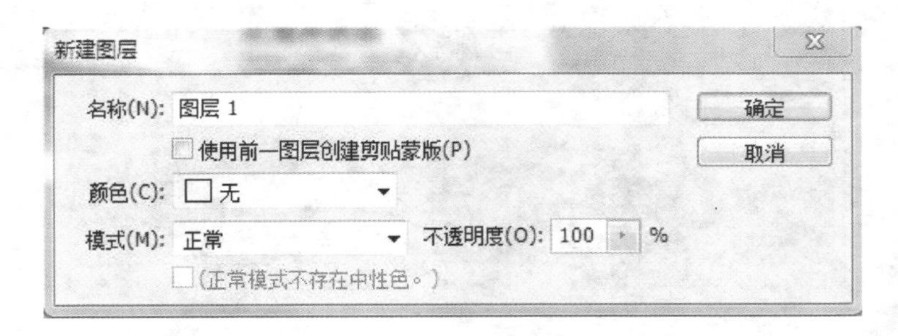

图 3-15
新建图层对话框

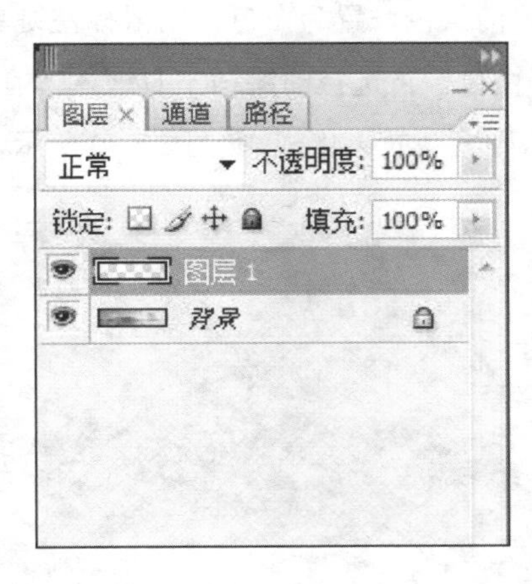

图 3-16
图层面板

第五步，在新图层上设置选区。单击椭圆选择工具 ，在图上画出选区，如图 3 - 17 所示。

图 3 - 17
建立选区

第六步，羽化。即制造边界模糊效果，更准确地说是使选取范围的边缘部分产生渐变晕开的柔和效果。单击菜单【选择】→【修改】→【羽化】，羽化半径设置为 10，如图 3 - 18 所示，单击【确定】按钮。

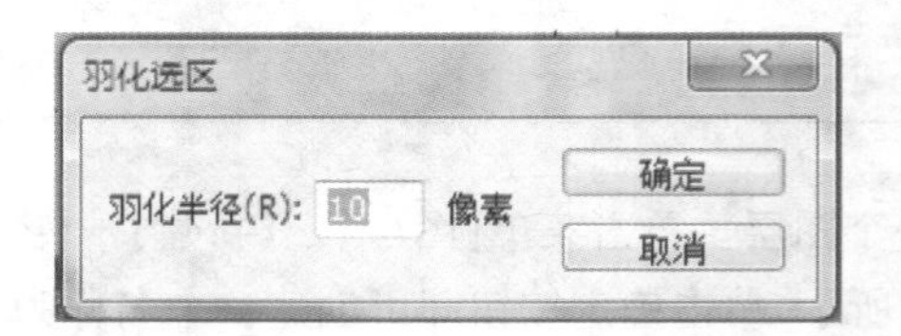

图 3 - 18
设置羽化半径

第七步，反选。单击菜单【选择】→【反向】，反选后效果如图 3 - 19 所示。

图 3 - 19
反向选择后效果

第八步，填色。先将前景色设置为白色。用鼠标左键单击前景色，在弹出的色彩选择对话框中选择白色。再选择油漆桶工具 ，在属性栏将透明度修改为 90%，然后单击选区，则蒙版效果出现，如图 3 - 20 所示。

图 3 - 20
设置后效果

第九步，取消选择，向下合并图层。单击菜单【选择】→【取消选择】。右击图

层面板的最上一层图层，在弹出的快捷菜单中选择【向下合并图层】，则此时，所有图层合并为一个图层。

第十步，保存文件。单击菜单【文件】→【存储】，在弹出的保存文件对话框中将文件命名为“banner1”，类型选择“JPG”。

Banner 制作完毕。

【项目小结】

Photoshop 是美化网页，处理网页图片的最有力的工具。本单元学习了网页图片的基本知识，通过完成网站 logo 和 Banner 的制作任务学习了网页处理软件 Photoshop 的基本操作。

【练习题】

1. 利用 Photoshop 为本章课程学习中制作的 logo 增加“乐悠游”三个中文字，效果如图所示。

2. 利用 Photoshop 为第二章作业中自己设计的网站设计 logo 和 Banner。

项目四

04

Dreamweaver 入门

【项目导读】

- 了解 Dreamweaver CS5 的特点和安装要求
- 掌握 Dreamweaver CS5 的启动方法
- 了解 Dreamweaver CS5 的工作界面
- 掌握创建站点的方法

【项目重点】

- 了解 Dreamweaver CS5 工作界面
- 掌握创建和管理站点的方法

【项目难点】

- 掌握创建站点的方法

【关键词】

Dreamweaver CS5、站点

【任务背景】

李晓明接到领导布置的任务后，感到工作量很大，于是决定分类进行网页制作。首先创建一个介绍北京风景名胜的网站，包括北京各公园简介，主要景点图片、简介、导游图等，为浏览北京公园的游客提供方便。李晓明首先进行了网站需求调研和网站开发工具的选择，了解到当前主流的网站开发工具是 Adobe 公司 Dreamweaver CS5。Dreamweaver CS5 是 Adobe 公司开发的集网页制作和网站管理于一体的所见即所得的网页编辑器，是第一套针对专业网页设计师的视觉化网页开发工具。利用 Dreamweaver CS5 可以快速高效地创建极具表现力和动感效果的网页。于是李晓明确定使用 Dreamweaver CS5 作为网站开发工具。

任务 4-1 了解 Dreamweaver

【任务目标】

- 了解 Dreamweaver 的特点和软硬件配置要求
- 了解 Dreamweaver 工作界面的组成
- 了解 Dreamweaver 的基本参数设置

【知识准备】

1. Dreamweaver CS5 简介

Dreamweaver CS5 提供了功能强劲的可视化设计工具、应用开发环境以及代码编辑支持。Dreamweaver CS5 在原有版本的基础上增加了新的功能，并对部分功能进行了调整。它具有如下功能：

网页编辑功能：利用 Dreamweaver CS5 能够方便地创建和编辑网页及页面元素，包括图像、表格、文本、链接、导航条、跳转菜单、多媒体等。Dreamweaver CS5 提供了强大的 HTML 编辑功能，在编辑网页的过程中可以在设计效果和 HTML 代码中进行切换，效果所见即所得。根据页面设计自动生成的代码可编辑可修改。Dreamweaver 与 Fireworks、Flash 具有良好的兼容性。

站点管理功能：Dreamweaver CS5 支持本地、局域网内和 Web 远程网站的管理功能。在站点管理窗口中，如果用户进行网站内的页面修改、超级链接更改或其他替换，则 Dreamweaver 会自动完成与之相关联的更改。

动态网页功能：Dreamweaver CS5 支持数据库开发应用的编程环境，可以轻松地建立基于 ASP - VBScript、ASP - Jscript、ASP. NET C＃、ASP. NET VB、JSP、PHP 等编程语言的网站和商务应用开发。

2. Dreamweaver CS5 系统要求和硬件配置

Dreamweaver CS5 最低系统要求和硬件配置如表 4-1 所示：

表 4-1 Dreamweaver CS5 安装最低系统要求和硬件配置

	Windows 系列
处理器	Intel(r) Pentium(r) 4 或 AMD Athlon(r) 64
操作系统版本	Microsoft® Windows® XP Service Pack 2(推荐使用 Service Pack 3)或 Windows Vista® Home Premium、Business、Ultimate 或 Enterprise 版的 Service Pack 1、Windows 7
内存	推荐使用 1GB 或更大的内存
硬盘空间	1GB 可用硬盘空间用于安装；安装过程中需要更多可用空间
显卡	1280×800 的显示分辨率，16 位显卡
网络	实现联机服务所必需的宽带 Internet 连接

说明：以下将 Dreamweaver CS5 统一简称为 Dreamweaver。

3. Dreamweaver 工作环境

Dreamweaver 的工作界面如图 4-1 所示，上方依次为菜单栏、标准工具栏、文档工具栏，中间是文档窗口，右侧有各种辅助面板，如插入面板、文件面板等，下方为属性面板等。

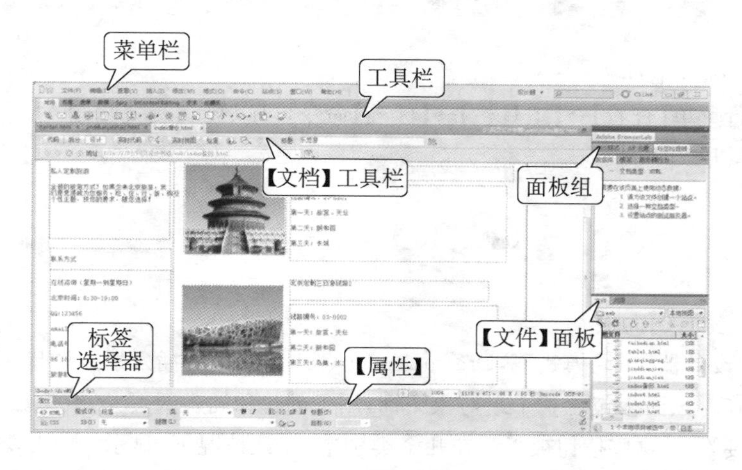

图 4-1
Dreamweaver 工作界面

主要的设计和编码工作是在文档窗口中完成的，在此可进行多种 Web 页面元素的插入、修改和删除等操作。通过文档窗口左下角的"标签选择器"，可以方便地选择其他元素。

在开始制作网页之前，有必要熟悉 Dreamweaver 工作界面中的各种工具和面板，这样有助于我们高效率地开发 Web 站点。

(1) 标题栏

在 Adobe Dreamweaver CS5 的窗口标题栏上整合了网页制作中最常用的布局、DW 扩展、站点管理器和设计器按钮，这些常用的命令按钮可以从菜单栏或者工具栏中找到与之相应的选项，如图 4-2 所示。

图 4-2
标题栏

单击 设计器 ▾ 按钮，在弹出的下拉列表中可以看到 Dreamweaver CS5 推出的八种工作区外观模式，如图 4-3 所示。不同的工作区外观模式适用于不同层次的设计者选择合适的页面设计模式。

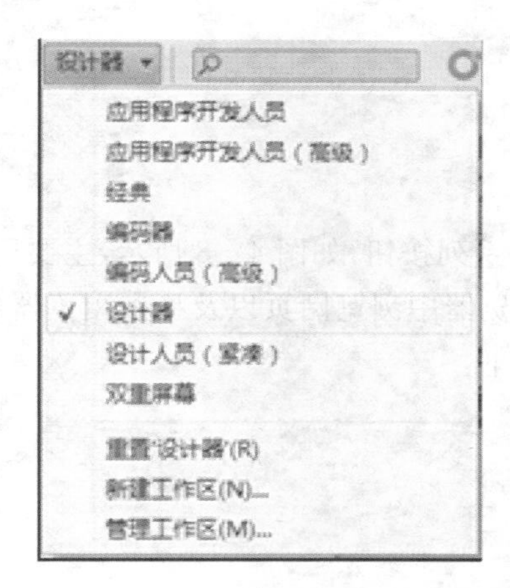

图 4-3
设计器

(2) 菜单栏

Dreamweaver CS5 的主菜单共分 10 种，即文件、编辑、查看、插入、修改、格式、命令、站点、窗口和帮助，如图 4－4 所示。

图 4－4
菜单栏

(3) 标准工具栏

执行菜单【查看】→【工具栏】→【标准】命令，可以显示或关闭图 4－5 所示的标准工具栏。

图 4－5
标准工具栏

(4)【插入】面板

在“设计器”布局模式下，Dreamweaver CS5 将原先的插入栏默认呈现为插入面板形式。该面板包含若干组对象图标，用于创建和插入网页元素(例如表格、图像和链接等)。这些按钮被组织在几个类别中，默认情况下，显示“常用”类别选项卡，单击其右边的 ▾ 可以在各种类别之间进行快速切换，如图 4－6 和图 4－7 所示。

图 4－6
插入面板的分类菜单

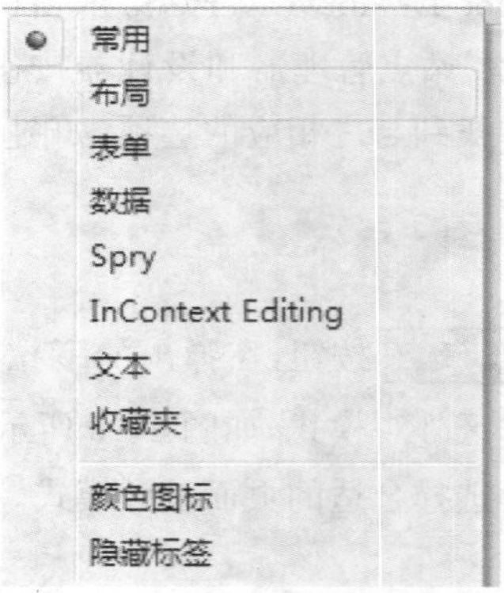

图 4－7
常用插入面板

(5) 文档工具栏

文档工具栏包含一系列按钮，如图 4－8 所示，主要用于切换编辑区视图模式、设置网页标题、在浏览器中浏览网页以及检查浏览器兼容性等，其中各个按钮图标的功能和含义如下：

代码 拆分 设计 实时代码 实时视图 检查 标题：无标题文档

图 4－8
文档工具栏

代码:显示代码视图,以便在编辑窗口中直接输入或修改 HTML 代码。

拆分:同时显示代码视图和设计视图,以便在同一窗口中同时进行代码编辑和页面设计。

设计:显示设计视图,以便在编辑窗口中进行可视化的页面设计。

实时代码:显示浏览器用于执行该页面的实际代码,单击此按钮后,其窗口下的代码以黄色显示且不可编辑。

:用来检查用户创建的网站内容是否能够兼容各种浏览器。

实时视图:单击此按钮可以像在浏览器中预览一样查看设计效果,显示不可编辑的、交互式的、基于浏览器的文档视图。

检查:能让用户快速地在许多浏览器和它们不同的版本中检查代码。

:在浏览器中预览和调试网页。

:可以使用不同的可视化助理来设计页面。

:刷新设计视图。

标题:用于设置网页标题。

:用于对站点中的文件进行管理。

(6) 编辑窗口

编辑窗口用来显示当前所创建和编辑的 HTML 文档内容。该窗口与文档工具栏配合使用,有代码、拆分和设计 3 种视图模式。

① 代码视图:单击文档工具栏中的 代码 按钮可以将编辑区域的视图模式切换到代码视图模式,如图 4 - 9 所示。

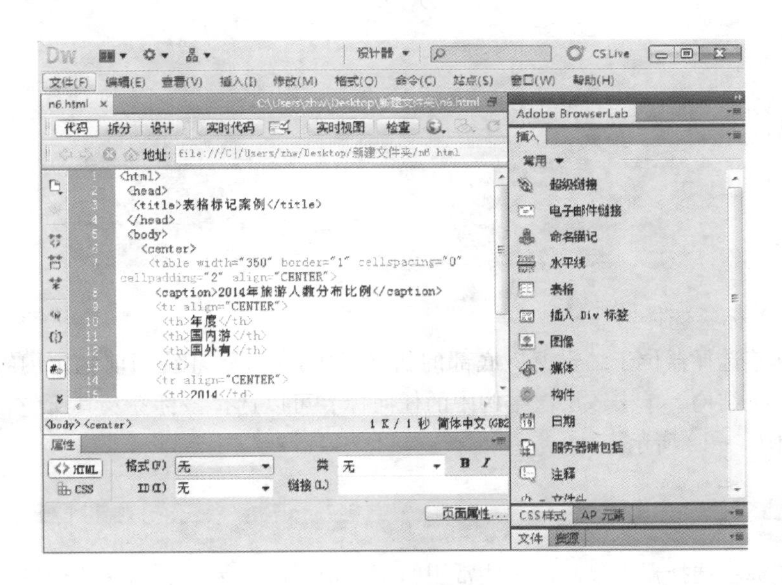

图 4 - 9
代码视图

② 拆分视图:单击文档工具栏中的 拆分 按钮可以将编辑区域的视图模式切换到拆分视图模式,如图 4 - 10 所示:

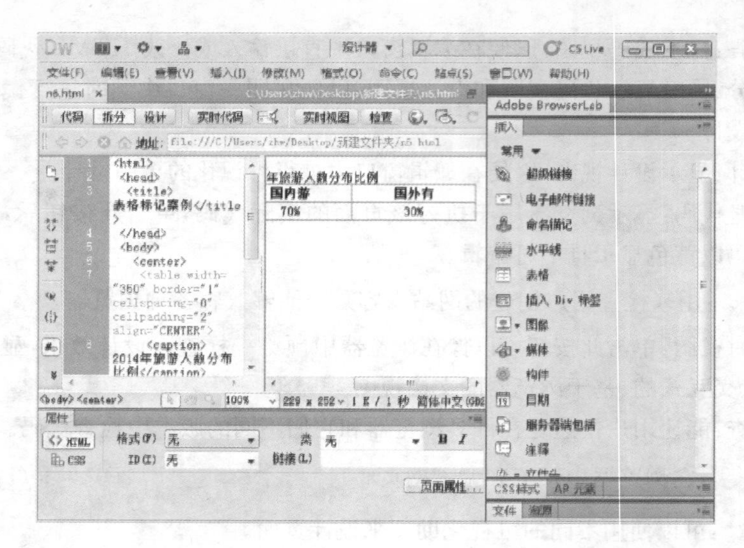

图 4-10
拆分视图

③ 设计视图:单击文档工具栏中的 设计 按钮可以将编辑区域的视图模式切换到设计视图模式,如图 4-11 所示。

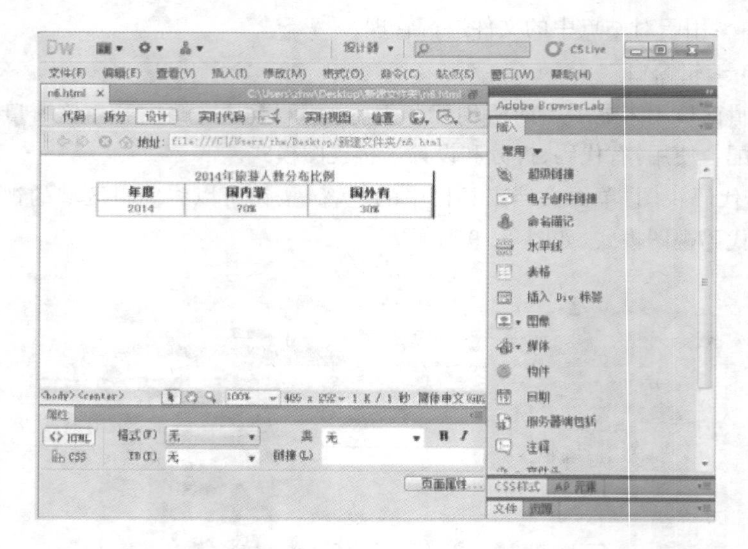

图 4-11
设计视图

(7) 标签选择器

标签选择器位于编辑窗口底部的状态栏中,它显示环绕当前选定内容的标签的层次结构。单击该层次结构中的任何标签可以选择该标签及其所包含的内容,如图 4-12 所示。

<body><center><table><tr><td> 100% 330 x 252 1 K / 1 秒 简体中文(GB2312)

图 4-12
标签选择器

在标签选择器中显示了一些常用的 HTML 标签,灵活运用这些标签可以很方便地选择编辑区域中的某些项目,从而提高工作效率。例如需要选择表格中的某一行,可以使用鼠标指针定位到该行中的任意一个单元格中,然后再单击标签选择器中的〈tr〉标签,则光标所在行被选中,在代码视图中可以看到,描述该行的所有代码被选中。如图 4-13 所示。

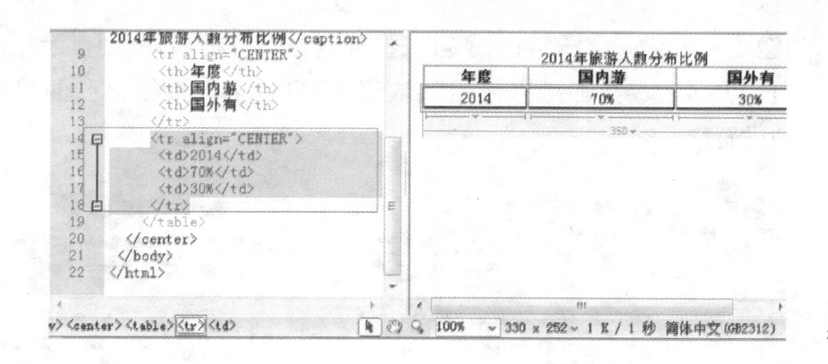

图 4-13
标签〈tr〉与显示效果

(8) 属性检查器(属性面板)

通过属性检查器可以检查和编辑当前选定的页面对象的属性。它随着在页面上选定的对象而进行改变。如果选定了表格,会在属性检查器里看到表格的宽、高、标题、换行、背景颜色等相关属性,如果选定了图像,则会显示图像的属性。另外,还可以在属性面板中修改被选对象的各项属性值,如图 4-14 所示。

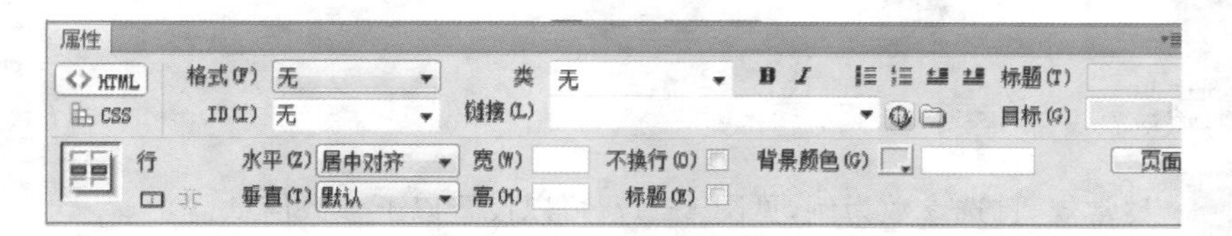

图 4-14
属性检查器

属性面板分成上下两部分,单击面板右下角的 按钮可以关闭属性面板的下半部分。这时原来的 按钮变成 按钮,单击此按钮可以重新打开属性面板的下半部分。

(9) 面板组(浮动面板组)

Dreamweaver CS5 通过一套面板和面板组系统来轻松地处理不同的复杂界面。用户可以自定义工作区,以便快速地访问需要的面板。每一个面板组都包含了数个面板,面板组内的面板显示为选项卡,如图 4-15 所示。单击标签可以在面板间进行切换。面板组可以是浮动的,也可以停放在一起。

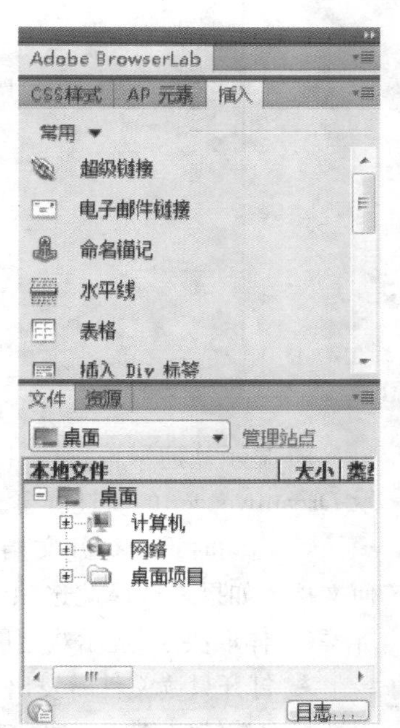

图 4-15
面板组

注意:Dreamweaver 中的浮动面板很多,如果需要使用某个浮动面板,而界面中没有显示,可以在“窗口”菜单项中选择相应的命令打开。

(10) 首选参数设置

Dreamweaver 具有用来控制 Dreamweaver 用户界面的常规外观和行为的首选参数设置以及与特定功能(如层、样式表、显示 HTML 和 JavaScript 代码、外部编辑器和在浏览器中预览等)相关的选项。

执行菜单【编辑】→【首选参数】命令,如图 4-16 所示,可以打开“首选参数”

对话框，如图 4－17 所示，左侧列出了可以选择的参数分类，右侧则显示相应分类的参数选项。大多数参数都可以使用默认值，用户也可以根据自己的习惯进行工作环境的设置。

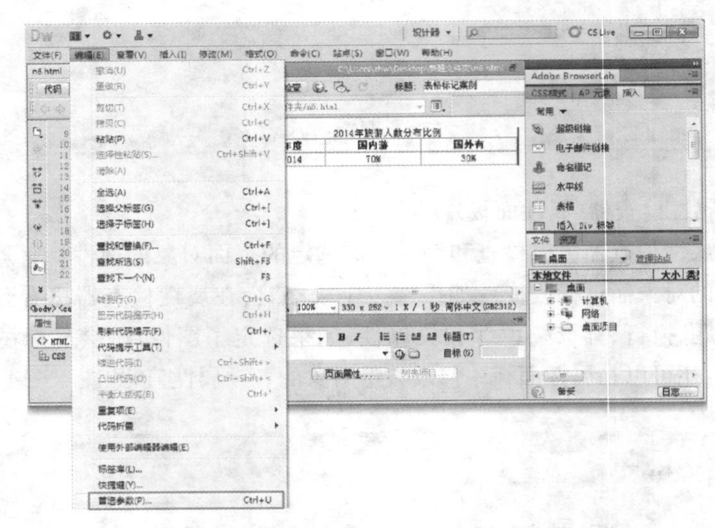

图 4－16
首选参数

以“常规”首选参数为例，见图 4－17，可以设置以下参数信息：

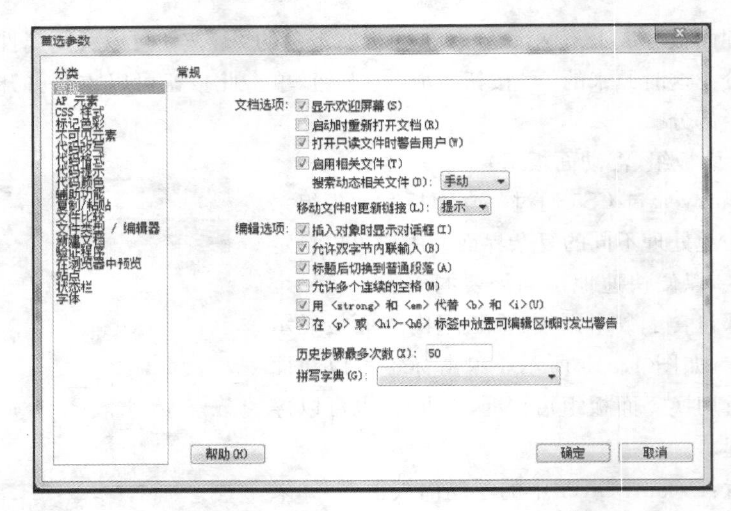

图 4－17
首选参数对话框

➢ 显示欢迎屏幕。在启动 Dreamweaver 时或者在没有打开任何文档时，显示 Dreamweaver 的欢迎屏幕。

➢ 启动时重新打开文档。打开在关闭 Dreamweaver 时处于打开状态的任何文档。如果未选择此选项，Dreamweaver 会在启动时显示欢迎屏幕或者空白屏幕(具体取决于“显示欢迎屏幕”设置)。

➢ 打开只读文件时发出警告。在打开只读(已锁定的)文件时警告用户。可以选择取消锁定/取出文件、查看文件或取消。

➢ 启用相关文件。用于查看哪些文件与当前文档相关(例如 CSS 或 JavaScript 文件)。Dreamweaver 在文档顶部为每个相关文件显示了一个按钮，

单击该按钮可打开相应文件。

➢ 搜索动态相关文件。允许选择动态相关文件是自动还是在手动交互之后显示在“相关文件”工具栏中。还可以选择禁用搜索动态相关文件。

➢ 移动文件时更新链接。确定在移动、重命名或删除站点中的文档时所发生的操作。可以将该参数设置为总是自动更新链接、从不更新链接或提示您更新。

➢ 插入对象时显示对话框。确定当使用“插入”面板或“插入”菜单插入图像、表格、Shockwave 影片和其他某些对象时，Dreamweaver 是否提示输入附加的信息。如果禁用该选项，则不出现对话框，必须使用“属性”检查器指定图像的源文件和表格中的行数等。对于鼠标经过图像和 Fireworks HTML，当插入对象时总是出现一个对话框，而与该选项的设置无关。

➢ 允许双字节内联输入。能够直接在“文档”窗口中输入双字节文本。如果取消选择该选项，将显示一个用于输入和转换双字节文本的文本输入窗口。文本被接受后显示在“文档”窗口中。

➢ 标题后切换到普通段落。指定在“设计”视图中于一个标题段落的结尾按下 Enter(Windows)或 Return(Macintosh)时，将创建一个用 p 标签进行标记的新段落。(标题段落是用 h1 或 h2 等标题标签进行标记的段落。)当禁用该选项时，在标题段落的结尾按下 Enter 健或 Return 键将创建一个用同一标题标签进行标记的新段落。

➢ 允许多个连续的空格。指定在“设计”视图中键入两个或更多的空格时将创建不中断的空格，这些空格在浏览器中显示为多个空格。该选项主要针对习惯于在字处理程序中键入的用户。当禁用该选项时，多个空格将被当作单个空格。

➢ 历史步骤最多次数。确定在“历史记录”面板中保留和显示的步骤数。如果超过了“历史记录”面板中的给定步骤数，则将丢弃最早的步骤。

➢ 拼写字典。列出可用的拼写字典。如果字典中包含多种方言或拼写惯例，如“英语”(美国)和“英语”(英国)，则方言单独列在“字典”弹出菜单中。

任务 4－2　创建 Dreamweaver 站点

【任务目标】

- 了解站点的作用
- 掌握站点创建的方法

任务 4－2－1　了解站点

【知识准备】

建立站点是使用 Dreamweaver 进行网站开发的重要步骤。利用浏览器预览整个网站，可以从一个文档跳转到另一个文档。

在 Dreamweaver 中,“站点”指属于某个 Web 站点的文档的本地或远程存储位置。Dreamweaver 站点提供了一种方法,可以组织和管理所有的 Web 文档,将站点上传到 Web 服务器,跟踪和维护链接以及管理和共享文件。应定义一个站点以充分利用 Dreamweaver 的功能。

站点最多由三部分(或文件夹)组成:

(1) 本地文件夹:是用户的工作目录。Dreamweaver 将该文件夹称为本地站点。本地文件夹一般位于本地计算机上,用于存储正在编辑的网页文档及其相关文件。

注意:只需建立本地文件夹即可定义 Dreamweaver 站点。若要向 Web 服务器传输文件或开发 Web 应用程序,还需添加远程站点和测试服务器信息。

(2) 远程文件夹:是存储文件的位置,这些文件用于测试、生产、协作和发布等。远程文件夹一般位于运行 Web 服务器的计算机上,Dreamweaver 将此文件夹称为远程站点。

当准备好将本地计算机上的文件提供给公众访问时,用户需要将这些文件上传到远程站点,即使 web 服务器运行在本地计算机上也必须进行上传。

本地文件夹和远程文件夹使用户能够在本地磁盘和 Web 服务器之间传输文件,可以轻松管理 Dreamweaver 站点中的文件。

(3) 测试服务器:是 Dreamweaver 处理动态网页的文件夹。如果运行 Web 服务器的计算机上同时运行应用程序服务器,则测试服务器文件夹与远程文件夹可指定为同一文件夹。

在网站开发过程中,如果使用了外部文件,Dreamweaver 会自动检测并提示是否将外部文件复制到站点内,以保持站点的完整性,如果某个文件夹或文件重新命名,系统会自动更新所有的链接,以保证原有链接关系的正确性。

任务 4-2-2 创建站点

【课堂案例 4-1】

创建 Dreamweaver 站点。通过站点定义向导创建站点,站点名称“testsite”,并在“站点设置对象”选项卡中进行相关设置。

【任务实施】

(1) 在本地硬盘(如 D 盘)中创建一个文件夹,命名为“toursite”。在“toursite”文件夹中创建 images 文件夹。

(2) 在 Dreamweaver CS5 的菜单栏中,选择【站点】→【管理站点】,如图 4-18 所示。

(3) 弹出【管理站点】对话框,如图 4-19 所示。在对话框中,单击“新建”按钮。

图 4 - 18
管理站点菜单项

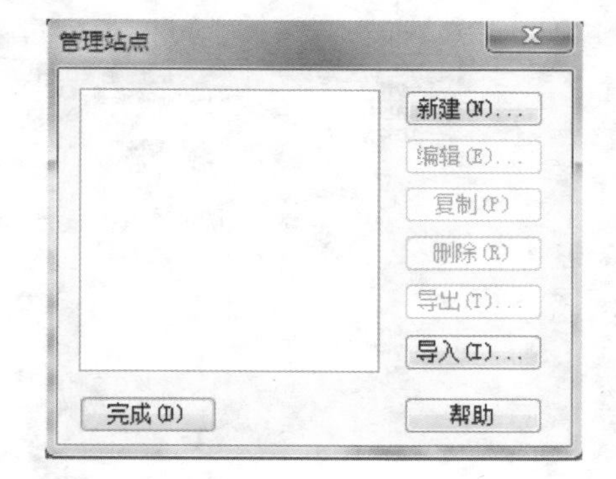

图 4 - 19
管理站点对话框

(4) 弹出【站点设置对象效果】对话框，如图 4 - 20 所示。在该对话框中，选择【站点】选项卡。在【站点名称】文本框中，输入“toursite”，单击【本地站点文件夹】右侧的【浏览文件夹】按钮，选择准备使用的站点文件夹，单击【选择】按钮。如果不需要本地测试或编辑直接上传到 WEB 服务器，站点设置就完成了，直接点击对话框中的【保存】按钮即可。

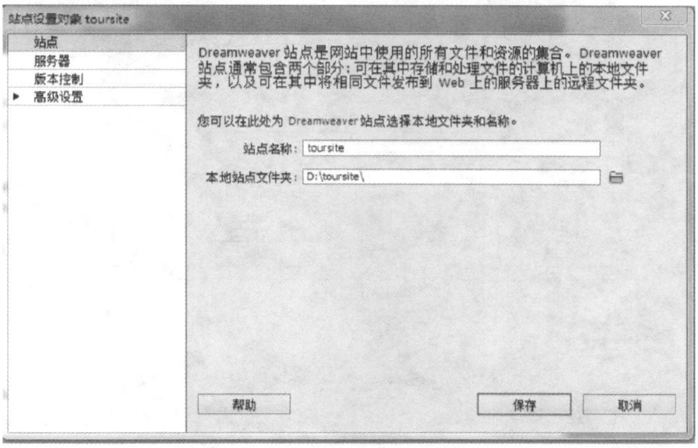

图 4 - 20
站点设置对象

此时，在【文件】面板中可以看到新创建的本地站点“toursite”中的文件和文件夹。

若需将该网站发布，则需要设置远程服务器，将网页上传至服务器。可在建站点初期设置，也可后期设置。

设置的方法是接以上(4)，在【站点设置对象效果】对话框中单击左侧的【服务器】选项卡，在【服务器】选项卡中单击 + 添加新服务器，如图 4 - 21 所示。

在弹出的设置服务器基本信息对话框中分别输入“服务器名”、“FTP 地址”、“用户名”、“密码”等信息，如图 4 - 22 所示。

单击【高级】选项卡，设置相关信息，如图 4 - 23 所示。

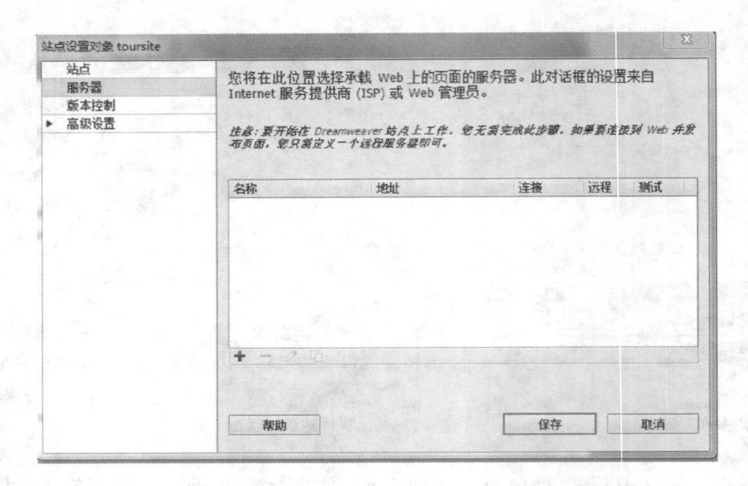

图 4-21
服务器设置对象

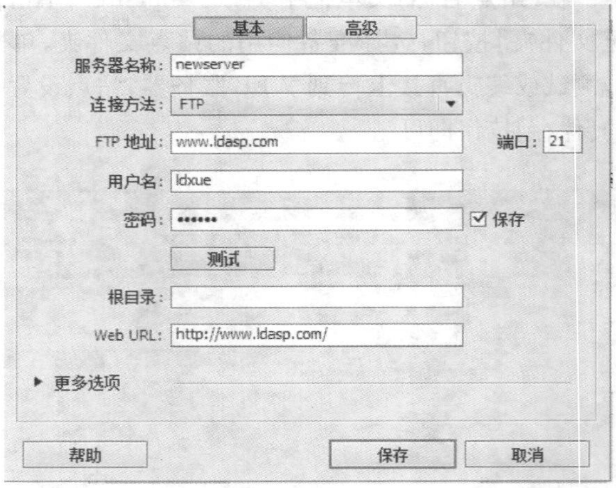

基本　高级

服务器名称：newserver

连接方法：FTP

FTP 地址：www.ldasp.com　端口：21

用户名：ldxue

密码：••••••　☑ 保存

测试

根目录：

Web URL：http://www.ldasp.com/

▸ 更多选项

帮助　保存　取消

图 4-22
服务器设置对话框

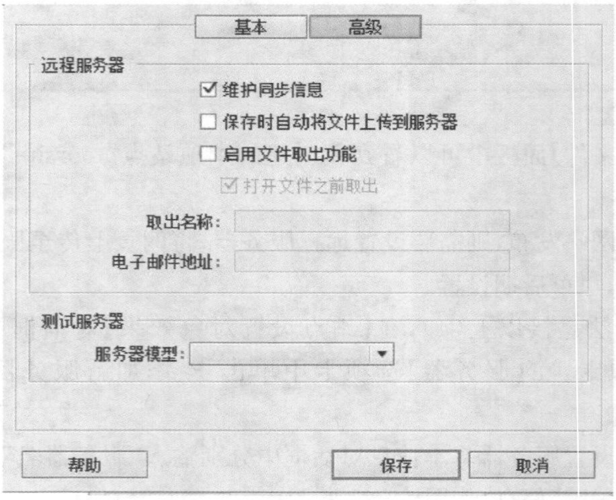

基本　高级

远程服务器

☑ 维护同步信息

☐ 保存时自动将文件上传到服务器

☐ 启用文件取出功能

☑ 打开文件之前取出

取出名称：

电子邮件地址：

测试服务器

服务器模型：

帮助　保存　取消

图 4-23
【高级】设置对话框

服务器信息设置完毕后，单击【保存】按钮即可。

【项目小结】

1. 站点是由一系列相互链接的文档组成的。利用浏览器预览整个网站,可以从一个文档跳转到另一个文档。Dreamweaver 中的站点包括远程站点和本点存储站点。

2. 在创建网站前,需要先建立站点,用于放置网站所有页面。

【思考题】

1. 页面引用的图片若存于站点之外,网站备份时会遇到什么问题?为避免这个问题,应如何修改 Dreamweaver 中的工作参数?

2. 面板如何打开?如何关闭?

项目五

05

制作简单网页

【项目导读】

- 了解网站规划的方法
- 掌握站点文件及文件夹编辑方法
- 掌握页面各属性、网页各元信息设置的意义和设置方法
- 掌握插入图像及图像属性设置的意义和设置方法
- 掌握网页文本输入及文本属性的 CSS 规则定义和引用方法
- 掌握简单的网页文本排版方法
- 了解超级链接、锚点的概念
- 掌握为文本、图像、图像热点创建超级链接的方法
- 掌握插入 Flash 动画的方法
- 掌握插入 FLV 影片的方法

【项目重点】

- 掌握网页文本 CSS 规则定义和引用及简单排版
- 掌握各种对象超级链接的创建方法
- 掌握插入各种媒体的方法

【项目难点】

- 网页文本 CSS 规则定义和引用
- 创建锚点的超级链接

【关键词】

网页文件、CSS 规则、超级链接、锚点、段落缩进、图像热点

【任务背景】

创建好站点后，李晓明开始搜集资料、素材，按前期规划设计的草图准备制作网页。为使网站能够吸引浏览者，上级要求网页尽可能以多种形式呈现内容，如图片、视频、动画等，既能吸引眼球给浏览者留下深刻印象，同时又能将有价值的信息传递给浏览者。

目前，网页一般使用的元素包括文本、图片、动画、超链接、导航栏、表单、网站的 logo、视频等。李晓明决定将互联网上收集素材与自制素材结合使用，尽可能将这些素材用于网页中。

任务 5－1　创建、编辑站点文件夹

在创建完本地站点后，就可以创建网页了。为方便站点管理，网页文件一般都存放在规划好的站点各文件夹里。因此，创建网页文件前应先创建站点目录文件夹。

【任务目标】

- 了解网站规划的方法
- 掌握创建、重命名、删除本地站点文件夹的方法

【知识准备】

无论是创建简单的个人网站还是开发复杂的商业网站，都要先做好网站规划，如同盖房子先画好图纸是一样的。规划网站，可以采用画树状结构图的方式把网站架构规划出来，同时考虑其扩充性。

规划站点结构需要遵循以下规则：

1. 每个栏目一个文件夹，把站点划分为多个栏目。
2. 不同类型的文件放在不同的文件夹中，便于查找和管理。

任务 5－1－1　创建文件夹

【任务描述】

在站点根目录下，创建文件夹，并在此文件夹下创建子文件夹。

【课堂案例 5－1】

在站点根目录下，创建名为 park(公园)的文件夹，在 park 文件夹下创建子文件夹 yiheyuan。

【任务实施】

第 1 步，在【文件】面板的本地站点文件列表框中，右击站点根目录，如图 5－1 所示，在弹出的快捷菜单中选择【新建文件夹】命令。

图 5－1
【文件】面板 toursite 站点根目录

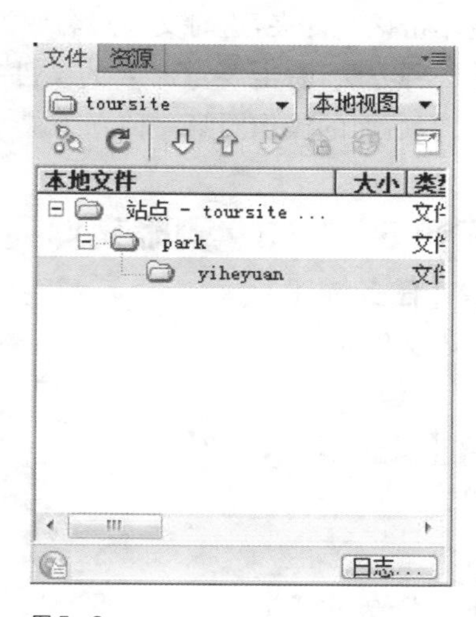

图 5－2
【文件】面板建好文件夹后站点目录

第 2 步，为文件夹命名为 park。

第 3 步，右击父(park)文件夹，在弹出的快捷菜单中选择【新建文件夹】命令，为子文件夹命名 yiheyuan。创建结果如图 5－2 所示。

【知识拓展】

网站目录设计要以最少的层次提供最清晰简便的访问结构。

根目录一般只存放 index. html 以及其他必需的系统文件。

每个主要栏目建立一个相应的独立目录。根目录下的 images 文件夹用于存放各页面都要使用的图片，子目录下的 images 文件夹存放本栏目页面使用的图片。

所有 JS 脚本存放在根目录下的 scripts 文件夹或 includes 文件夹。

所有 CSS 文件存放在根目录下的 style 文件夹。

所有 flash、avi、ram、quicktime 等多媒体文件建议存放在根目录下的 media 文件夹，如果属于各栏目下面的媒体文件，建议分别在该栏目文件夹下建立 media 文件夹。广告、交换链接、banner 等图片保存到 adv 文件夹。

任务 5－1－2　重命名文件夹

【任务描述】

重命名文件夹名。

【课堂案例 5－2】

将名为 yiheyuan 的文件夹重命名为 yhy。

【任务实施】

可以用两种方法重命名文件夹。

第一种方法，用鼠标左键选中要重命名的文件夹(本例为 yiheyuan)，再用鼠标左键单击该文件夹，这时文件夹名变为改写状态，直接修改即可。

第二种方法，右击要重命名的文件夹，在弹出的快捷菜单中选择【编辑】→【重命名】，后面的操作同第一种方法。

任务 5-1-3 删除文件夹

【任务描述】

删除文件夹。

【课堂案例 5-3】

删除 yhy 文件夹

【任务实施】

可以用两种方法删除文件夹。

第一种方法，用鼠标左键选中要删除的文件夹（本例为 yhy），按"Delete"键，系统会弹出确认删除文件对话框，单击"是(Y)"按钮即可。

第二种方法，右击要删除的文件夹，在弹出的快捷菜单中选择【编辑】→【删除】，后面的操作同第一种方法。

任务 5-2 创建、移动、复制、重命名、删除网页文件

规划好站点，创建各栏目文件夹后，就可以创建网页了。另外，如前文所述，为方便网页管理，可以在每个栏目文件夹中再创建一个图片文件夹（如，images），专门用于存放本栏目网页中使用的图片。

【任务目标】

- 掌握创建、移动、复制、重命名、删除网页文件的方法

任务 5-2-1 创建、保存网页文件

【任务描述】

创建网页文件。

【课堂案例 5-4】

在 yiheyuan 文件夹下，创建名为 yhyjianjie. html 的页面文件。

【知识准备】

为网页文件或文件夹命名时一律采用小写英文字母、数字、下划线的组合，

即文件名中可以使用“_”下划线作为连接符。文件名中不得包含汉字、空格和特殊字符；文件或文件夹名称需与栏目菜单名称具有相关性，尽量以有意义的英文命名。

各路径下的开始文件命名为 index. html。

【任务实施】

Dreamweaver CS5 提供了多种创建网页文件的方法。

第一种方法，在【文件】面板，右击要放置网页的文件夹（本例为 yiheyuan），在弹出的快捷菜单中选择【新建文件】命令，为文件命名（本例文件命名为 yhyjianjie. html）即可。

第二种方法，单击菜单【文件】→【新建】，或按快捷键 Ctrl＋N，在弹出的【新建文档】对话框中进行设置，如图 5－3 所示。

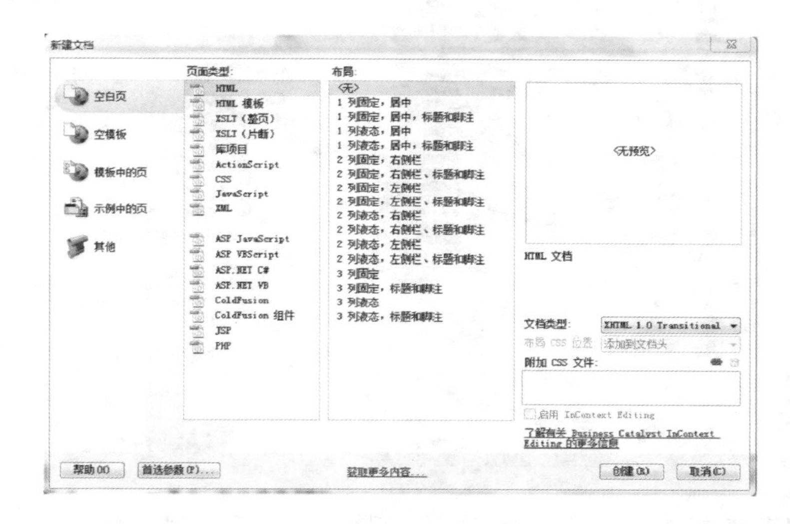

图 5－3
【新建文档】对话框

若选择【空白页】类别、在页面类型中选择【HTML】，在布局中选择【无】，则创建一默认空白网页，是一个纯 HTML 页面，即不包含 CSS 的页面，保存该网页时再选择保存路径即可。

如果希望创建一个 CSS 样式文件，则在类别中选择【示例中的页】，在示例文件夹中选择【CSS】，则在右侧【示例页】列表框中可以看到系统提供的所有示例页，如图 5－4 所示。选择一个示例页，则可在右侧预览框中看到该样式的效果，还可查看该页的描述文字。单击【创建】按钮，即可创建此样式表文件。保存该样式表文件，即可以在其他文件中引用这个样式表样式了。

如果希望创建一个框架页，则在类别中选择【示例中的页】，在示例文件夹中选择【框架】，则在右侧【示例页】列表框中可以看到系统提供的所有框架样式，如图 5－5 所示。选择一个框架样式，则可在右侧预览此样式。

保存网页文件，单击菜单【文件】→【保存】，或按快捷键 Ctrl＋S，在弹出的【另存为】对话框中，指定文件保存的位置，并在文件名文本框中输入文件名，单击【保存】按钮即可。

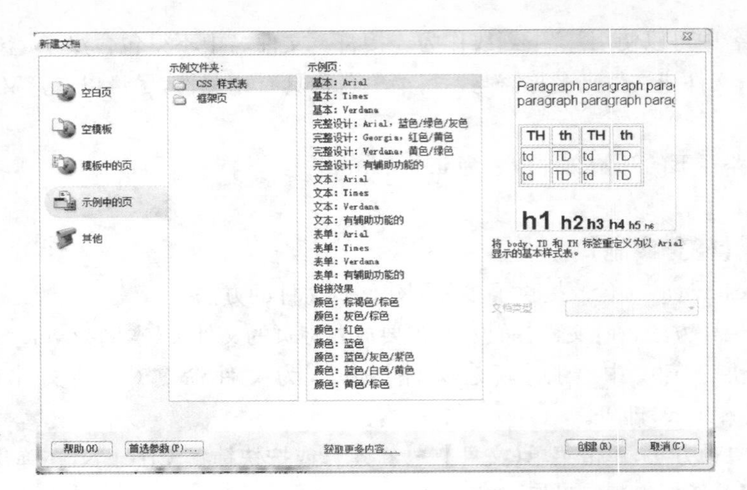

图 5-4
【CSS 样式表】示例预览

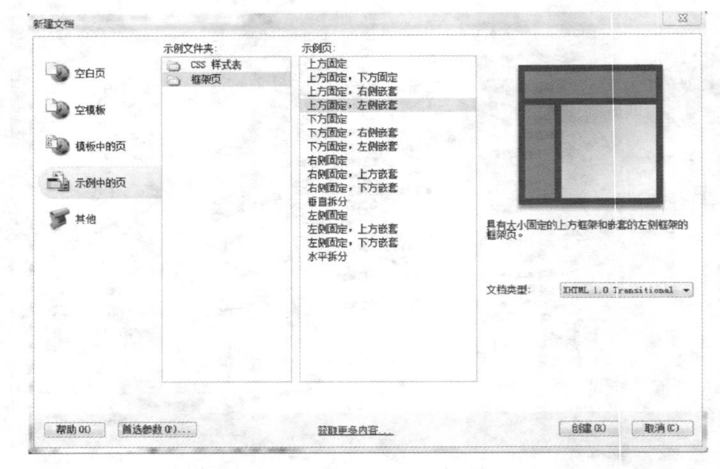

图 5-5
【框架页】示例预览

执行菜单【文件】→【保存全部】，即可保存打开的所有网页文件。

任务 5-2-2 移动、复制网页文件

【任务描述】

将网页文件移动或复制到另一文件夹下。

【课堂案例 5-5】

将网页文件 yhyjianjie.html 移动或复制到 beihai 文件夹下，并进行重命名与删除操作练习。

【任务实施】

在【文件】面板，右击要移动的网页文件（本例为 yhyjianjie.html），在弹出的快捷菜单中选择【编辑】→【剪切】，右击要粘贴的文件夹（本例为 beihai 文件夹），在弹出的快捷菜单中选择【编辑】→【粘贴】即可实现文件的移动。

用鼠标直接拖拽，也可以实现文件的移动。用鼠标左键选中要移动的文件，按住左键拖拽到要存放文件的文件夹上，松开鼠标左键即可。

若要复制文件，只需在上述菜单方式操作中，在弹出的级联菜单中选择【拷贝】即可，或在拖拽鼠标时按住 Ctrl 键也可实现文件的复制。

任务 5-2-3 重命名、删除网页文件

重命名与删除网页文件的操作与重命名或删除文件夹类似，在此不再赘述。

小提示

在创建网站中，如果开发者在 Dreamweaver CS5 外，对站点文件或文件夹进行了修改，则需要对本地站点文件列表进行刷新，只有刷新后才能看到修改后的结果。

在【文件】面板，单击工具栏上的刷新 C 按钮，即可同时刷新本地站点文件列表和远端站点文件列表。

任务 5-3 设置页面属性

创建网页后，还需要对页面的属性进行必要的设置，设定一些影响整个网页的参数，如页面背景效果，页面字体大小、颜色和页面超链接的属性等。

【任务目标】

- 了解页面属性的作用、效果
- 掌握页面属性的设置方法

【知识准备】

页面属性使用的一些术语：

页面字体：指页面中使用的默认字体。

大小：指定页面使用的默认字体的大小。

背景颜色：指网页的背景颜色。

背景图像：背景图像就是网页的“桌面”。可以通过【浏览】按钮选择图像，为网页设置背景。如果选择图像的尺寸小于浏览器窗口，则 Dreamweaver 可以通过【重复】选项设置图像在窗口内重复显示，形成一种马赛克的效果。

左边距、右边距、上边距、下边距：用来指定页面四周同页面边缘的间距。

链接：用于指定应用于链接文本的颜色。

已访问的链接：用于指定已访问链接文本的颜色。

活动链接：用于指定当鼠标（或指针）在链接上单击时链接显示的颜色。

下划线样式：指定应用于链接的下划线样式。包括“始终有下划线”、“始终无下划线”、“仅在变换图像时显示下划线”和“变换图像时隐藏下划线”四种样式。可根据喜好及页面需要选择。

标题字体：指定标题字体的字体类型、大小和颜色。

“标题 1”至“标题 6”：可以指定六个级别的标题字体。

【操作过程】

页面属性的设置方法如下：

单击菜单【修改】→【页面属性】，或按快捷键 Ctrl+J，可以打开【页面属性】对话框，如图 5－6 所示。在这里，用户可以设置当前正在编辑的网页文件的整体属性。

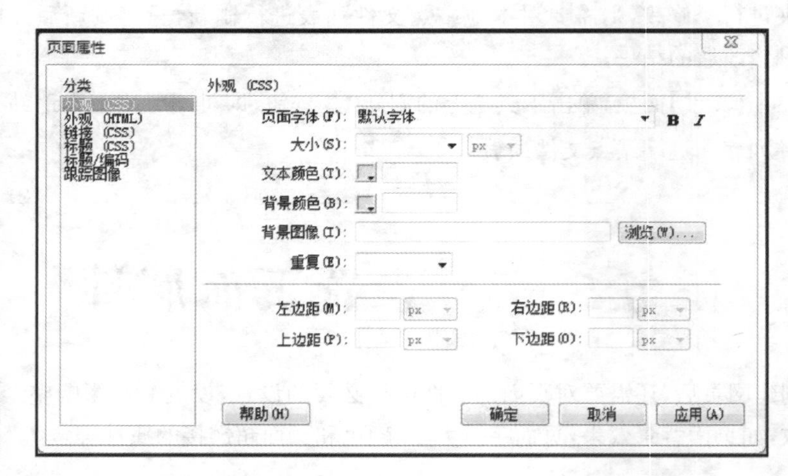

图 5－6
【页面属性】对话框

在【页面属性】对话框中，【分类】列表共有 5 类：外观、链接、标题、标题/编码和跟踪图像。右侧显示各个分类的具体属性设置。以下分步进行设置。

第 1 步，设置外观。外观主要包括页面的一些基本属性，如页面字体类型、字体大小、字体颜色、背景图像、页边距等。

如果选择【外观（CSS）】选项，Dreamweaver CS5 生成 CSS 样式代码来控制页面。

如果选择【外观（CSS）】选项，则 Dreamweaver CS5 使用传统方式来控制页面。

例如，如果使用【外观（CSS）】选项，设置页面字体为“仿宋”，字体大小为 12px，文本颜色为深蓝色，页面背景色为白色，各页边距为 0，如图 5－7 所示，则 Dreamweaver CS5 生成以下 CSS 样式代码来控制页面。

```
〈head〉
〈meta http-equiv="Content-Type" content="text/html; charset=utf-8" /〉
〈title〉无标题文档〈/title〉
〈style type="text/css"〉
body,td,th {
```

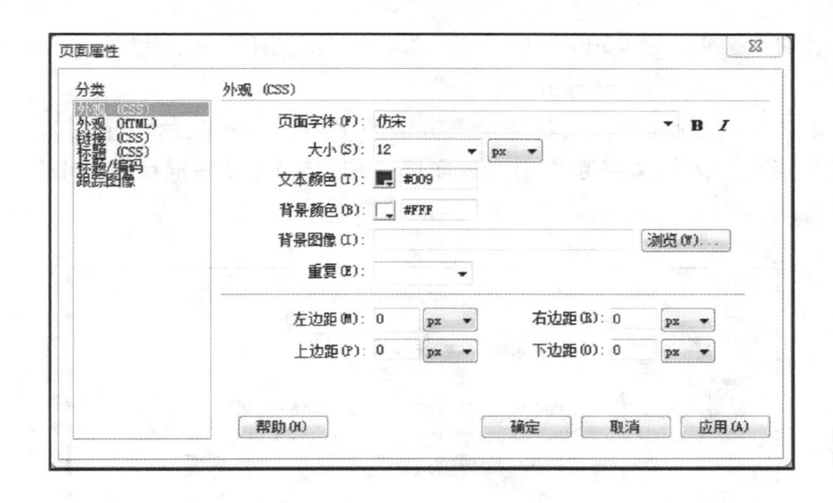

图 5-7
【外观(CSS)】设置对话框

```
        font-family:"仿宋";
        font-size:12px;
        color:#009;
    }
    body {
        background-color:#FFF;
        margin-left:0px;
        margin-top:0px;
        margin-right:0px;
        margin-bottom:0px;
    }
    〈/style〉
    〈/head〉
```

若使用【外观(HTML)】选项，则不能设置页面字体类型和大小，只能设置文本颜色，页面背景色，各页边距，以及超级链接的颜色。如图 5-8 所示。使用【外观(HTML)】设置后，Dreamweaver CS5 生成的代码如下。

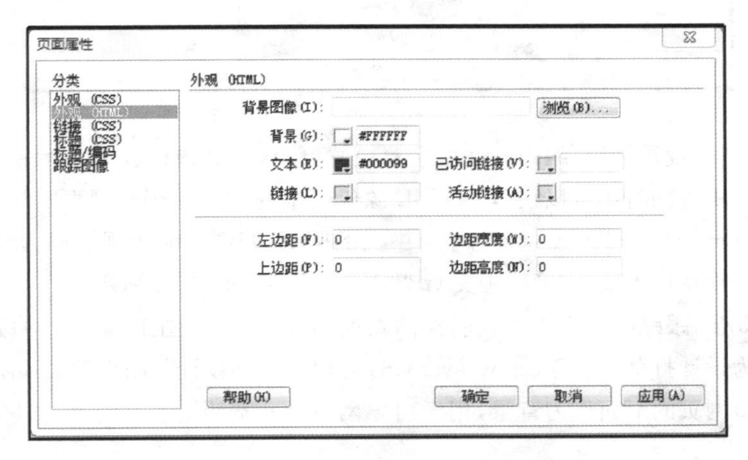

图 5-8
【外观(HTML)】设置对话框

〈body bgcolor＝"＃FFFFFF" text＝"＃000099" leftmargin＝"0" topmargin＝"0" marginwidth＝"0" marginheight＝"0"〉

第2步，设置链接。主要是设置链接的字体、大小、颜色和样式，这里的设置只能对链接的文字起作用。页面属性中【链接】对话框设置，如图5－9所示。

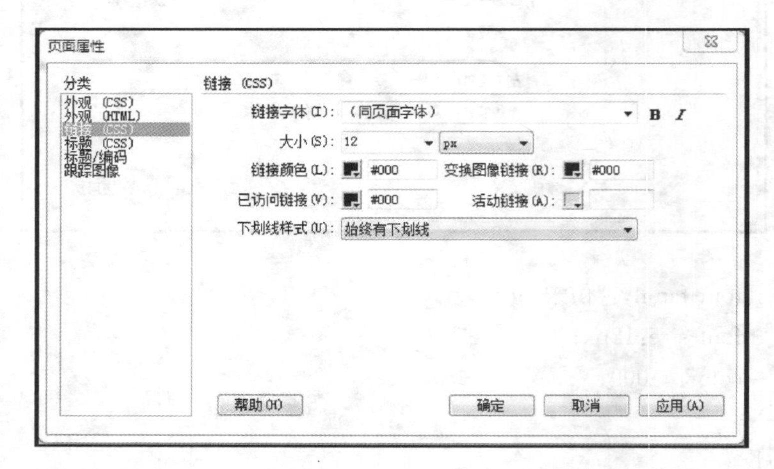

图5－9
【链接】设置对话框

第3步，设置标题。针对页面内各级不同的标题样式，包括字体、粗体、斜体、大小和颜色等进行设置。如图5－10所示。

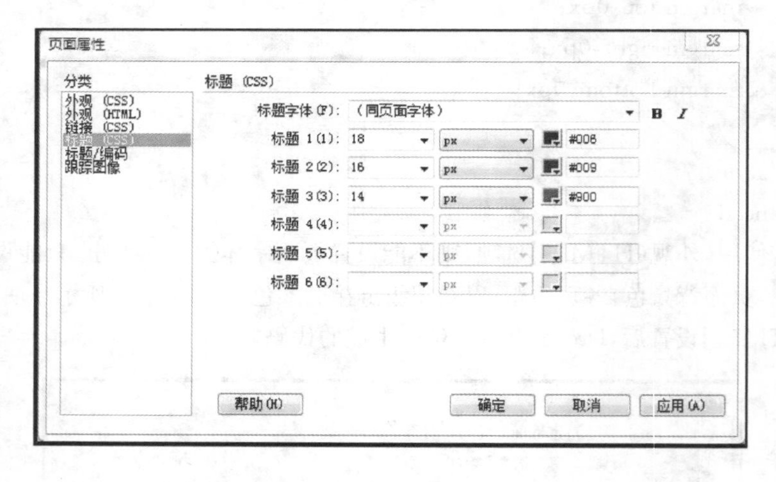

图5－10
【标题】设置对话框

第4步，设置标题/编码。这里主要设置网页标题，该标题将显示在浏览器的标题栏中。同时还可以设置HTML源代码中的字符编码。网页默认的字符编码为"Unicode(UTF－8)"。对于有中文的网页，若浏览时出现乱码，则将网页字符编码默认设置改为"简体中文GB2312"即可，如图5－11所示。

第5步，跟踪图像。在正式制作网页前，有时会用绘图工具设计一幅草图，相当于为设计打草稿。Dreamweaver CS5可以将这种设计草图设置成跟踪图像，铺在编辑网页的下面作为背景，用于引导网页的布局设计。跟踪图像不会在浏览器中显示。

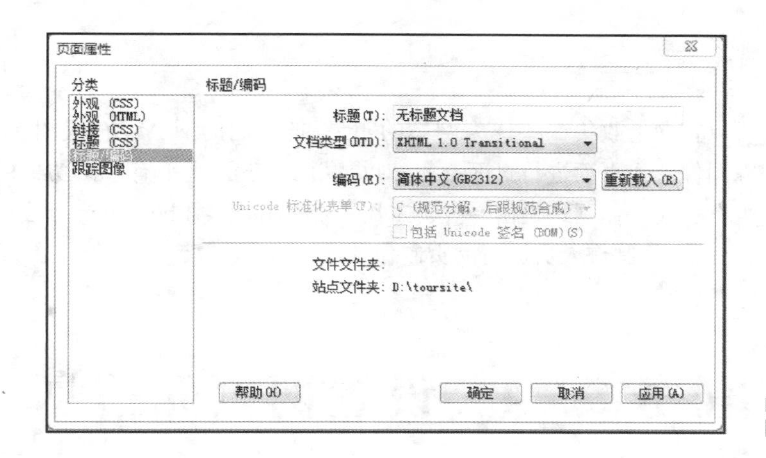

图 5－11
【标题/编码】设置对话框

如图 5－12 所示，单击“浏览”按钮可以打开对话框选择图像源文件，通过拖动滑块可以调节图像的透明度。插入跟踪图像后的效果如图 5－13 所示。

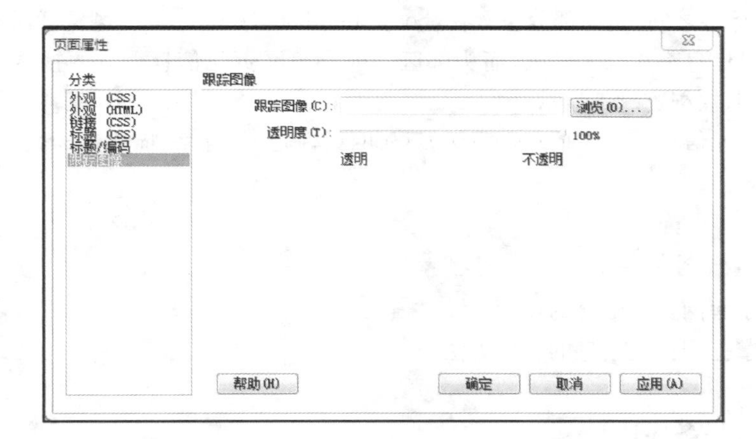

图 5－12
【跟踪图像】设置对话框

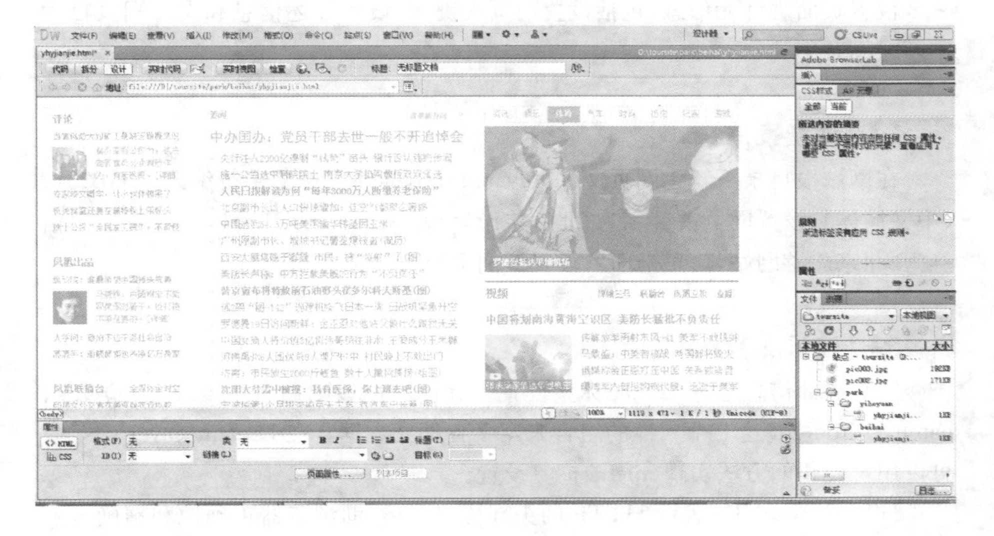

图 5－13
插入跟踪图像后页面设计区的效果

小提示

可以在网上收集一些优秀网站的布局，把它们的网页保存成图像，作为跟踪图像调入页面进行页面制作，对提高网页设计水平有事半功倍的效果。也有一些专业网站是由专业美工用图像处理软件 Photoshop 等设计网页，再交由网页制作人员进行网页制作的。

任务 5－4　设置网页元信息

网页文件是由 HTML（超文本链接语言）编写的，一个 HTML 源文件是由〈html〉标签开头，〈/html〉标签结尾，中间由若干 HTML 对命令（或称标签）组成的程序文件。HTML 文件通常分成头部分和主体部分。头部分包含在〈head〉和〈/head〉标签之间，主体部分包含在〈body〉和〈/body〉标签之间。浏览者所看到的所有网页信息都在〈body〉区，而头部区一般存放网页元信息以方便搜索引擎等工具识别，在浏览时不显示。

网页元信息一般包括网页字符编码、网页标题、关键字、描述、作者和网页刷新时间等。

【任务目标】

- 了解网页元信息的作用
- 掌握网页元信息的设置方法

【任务描述】

设置页面文件元信息，包括设置网页关键字、设置描述信息和设置网页自动刷新时间。

【课堂案例 5－6】

在网站根目录下新建网页文件 liuyan. html，为网页设置字符编码为 GB2312（中文简体）；设置网页关键字为“北京旅游，北京风景，北京公园”等；设置描述信息为“北京旅游网站，信息全面”；设置该网页每 5 秒钟自动刷新一次。

【知识准备】

网页头部信息通过〈meta〉标签设置。〈meta〉标签则通过 HTTP－EQUIV、name 和 Content 这三个属性的组合来定义各种元数据。在 Dreamweaver CS5 中可以用可视化的方法实现〈meta〉标签设置。

HTTP－EQUIV 表示 HTTP 的头部协议，可帮助浏览器正确地和精确地解析网页。

【任务实施】

1. 设置〈meta〉信息

单击【常用】工具栏的文件头图标，在弹出的菜单中(如图 5－14 所示)选择【META】，此时会弹出 META 对话框，如图 5－15 所示。

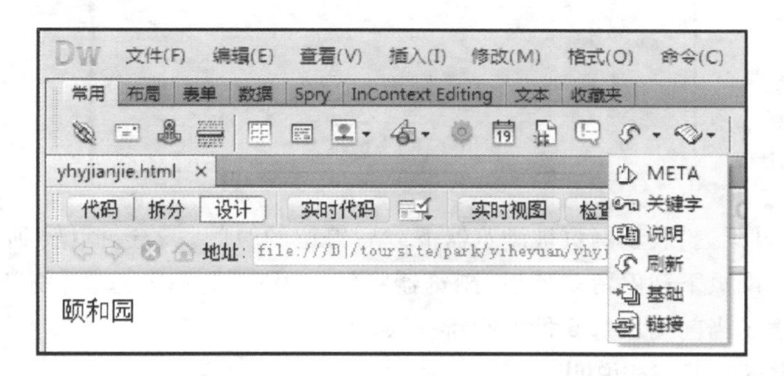

图 5－14
头文件菜单

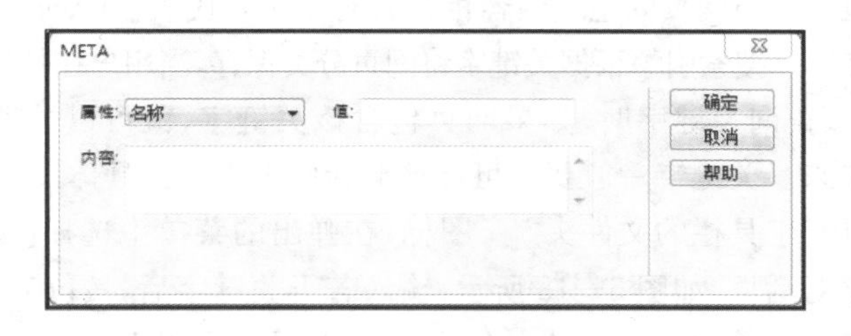

图 5－15
关键字对话框

【属性】下拉列表：有【HTTP－equivalent】和【名称】两个选项，分别对应 HTTP－EQUIV 和 NAME 变量类型。

【值】文本框：输入 HTTP－EQUIV 和 NAME 变量类型的值，用于设置不同类型的元数据。

【内容】文本框：输入 HTTP－EQUIV 和 NAME 变量的内容，即设置元数据的具体内容。

例如，为防止网页显示乱码，为网页设置字符编码为“GB2312(中文简体)”。设置方法如图 5－16 所示。默认情况下，新建页面编码为“UTF－8”。当然，也可以在【首选参数】对话框中的【新建文档】分类中设置默认网页编码。

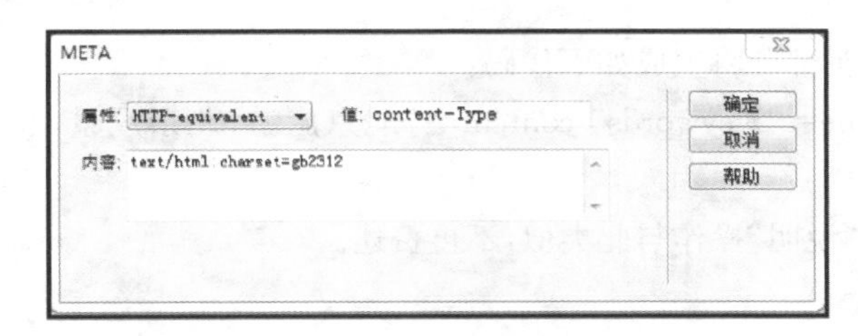

图 5－16
关键字对话框

2. 设置刷新

为网页设置刷新可以使浏览器在规定的时间内自动刷新网页或转到其他页面。自动刷新网页功能对论坛或聊天室等网页尤其重要。具体操作如下。

单击【常用】工具栏的文件头图标，在弹出的菜单中选择【刷新】，此时会弹出 META 对话框，如图 5－17 所示。如图 5－17 进行设置，则网页可每 5 秒钟自动刷新一次。

图 5－17
刷新对话框

其中，【延迟】表示网页被浏览器下载后停留的时间。若选择【转到 URL】操作，则表示网页下载停留 5 秒后，浏览器将转向另一网页；若选择【刷新此网页】操作，则表示当前网页每 5 秒钟刷新一次。

3. 设置关键字和说明

关键字也就是与网页的主题内容相关的简短而有代表性的词汇，它可以被搜索引擎抓取使用。搜索引擎根据关键字将网页分类保存，当用户在搜索引擎(百度、谷歌等)中输入查询关键字时，如果网页包含该关键字，就可以被搜索引擎在搜索结果中列出来。关键字一般要尽可能地概括网页内容。具体设置操作如下。

单击【常用】工具栏的文件头图标，在弹出的菜单中选择【关键字】，此时会弹出关键字对话框，如图 5－18 所示，输入若干关键字后，按【确定】按钮，即可插入关键字。注意关键字可以是一个或多个，若是一个以上的关键字，则关键字之间用“，”隔开。

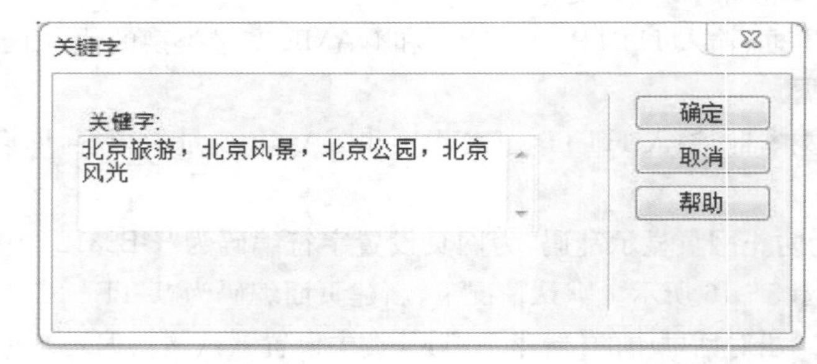

图 5－18
关键字对话框

网页文件头部分将生成如下代码：

〈meta name="Keywords" content="北京旅游，北京风景，北京公园，北京风光" /〉

设置网页“说明”操作与此类似，不再赘述。

任务 5－5　输入文本

文本是网页中的主要元素，是传递信息最直接、最经典的方式。网页制作的重点工作就是如何更好地编辑段落文本格式，体现主页主旨，以吸引浏览者的注意力。文本不仅指文字，还包括数字、符号、日期等。在网页中添加好文本后，还需要对文本的字体、大小、颜色等属性进行设置。

【任务目标】

- 掌握输入文本的方法
- 掌握文本属性的 CSS 规则定义和引用方法
- 掌握简单的文本排版方法

任务 5－5－1 输入文本

在 Dreamweaver CS5 中输入文本有两种方法。一种是在文档窗口中直接输入文本，另一种是复制其他文本编辑器中的文本。

【任务描述】

分别通过录入和复制粘贴方式输入文本。并进行简单排版练习。

【课堂案例 5－7】

录入如图 5－19 所示内容。前两行手工录入，后面文字打开实例素材\第 5 章\颐和园简介. doc，复制粘贴到本网页，并进行插空格、分行、分段、段落缩进操作。

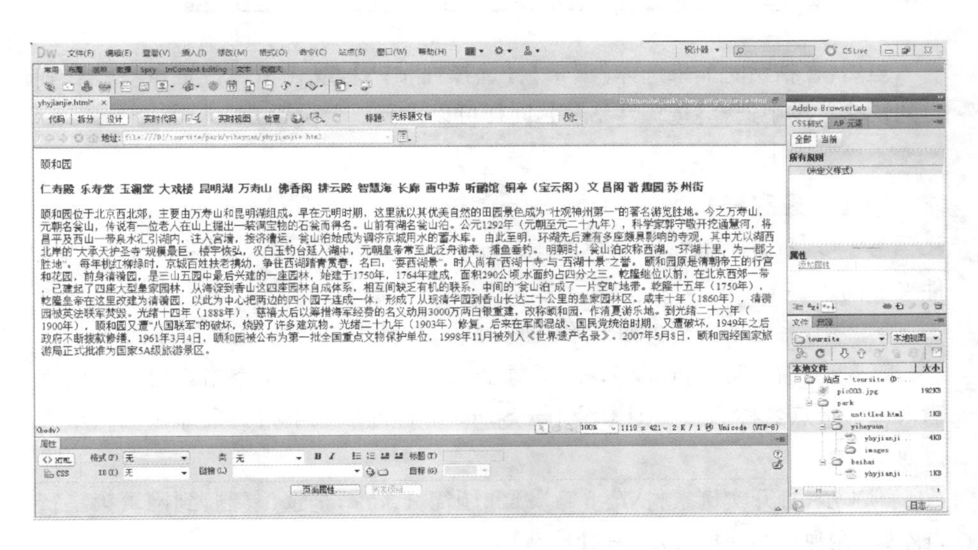

图 5－19
课堂案例 5－7

【知识准备】

在 Dreamweaver 的文档窗口中直接输入文字内容时要注意，按 Shift＋Enter 组合键，可以起到换行的作用，后面输入的内容另起一行；按 Enter 键则以下的内容另起一段，新自然段与上一自然段之间自动空一行；按 Ctrl＋Shift＋Space 组合键则插入一个空格。

在采用复制粘贴文本时，由于在其他文本编辑器中的文本一般已经过排版即有格式，在复制粘贴到网页时需要设置选择保留或不保留原排版格式。当然，由于软件兼容性的问题，复制的排版格式是不能原封不动地复制过来的，只能保留些简单的格式。设置方法如下。

单击【编辑】、【首选参数】，弹出如图 5－20 所示【首选参数】对话框。选择【复制/粘贴】分类，在右侧显示粘贴的四种方式，包括仅文本、带结构的文本（段落、列表、表格）、带结构的文本及基本格式（粗体、斜体）、带结构的文本及全部格式（粗体、斜体、样式），并可设置是否保留换行符，是否清理 Word 段落间距。

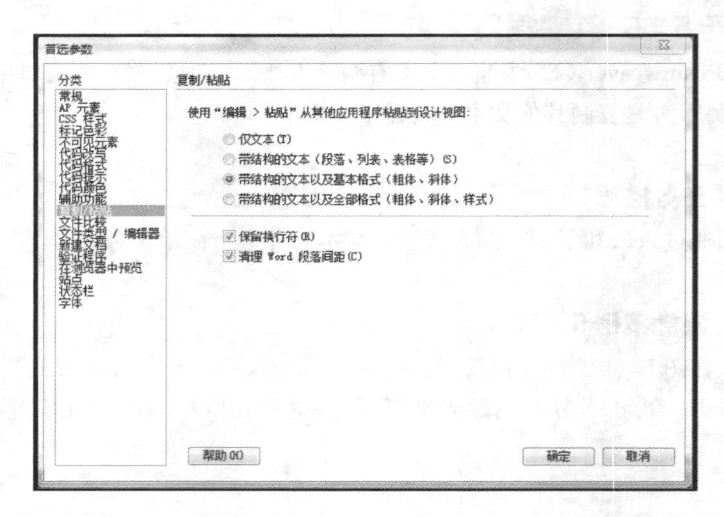

图 5－20
【首选参数】【复制/粘贴】
分类对话框

当然，在粘贴时如果选择【编辑】、【选择性粘贴】，或在粘贴位置点右键在弹出的快捷菜单中选择【选择性粘贴】，同样可以进行以上设置。

【任务实施】

第 1 步，打开前面操作创建的 yhyjianjie. html。如果没有，请在 yiheyuan 文件夹下创建。

第 2 步，将光标置于页面开始位置，输入第一行文字“颐和园”后按回车。

第 3 步，输入第二行文字。注意每个景点名称间隔两个空格。输入方法是输入每个景点名称后按 Ctrl＋Shift＋Space 组合键插入空格。全部输入完毕后按回车。

第 4 步，打开实例素材\第 5 章\颐和园简介. doc，全选、复制，到网页第三行点右键，在弹出的快捷菜单中选【粘贴】菜单项。

第 5 步，分段落。将光标置于第五行“颐和园原是清朝帝王的行宫……”之前，按回车，文本被分为两个自然段。

第 6 步，控制另起一行。如果上下两段不需空行，则要用到换行操作。将光标置于倒数第四行“后来……”之前，按 Shift＋Enter 键，“后来”之后的文字另起一行开始。另起一行和另起一段的区别在于下一行和上一行之间没有空行。若另起一段，则各段可单独设置排版格式。

也可以通过【文本】菜单中的【字符】按钮加入换行符 或空格 ，如图 5-21 所示。也可以通过这种操作加入版权 、注册商标 、货币符号等特殊字符。

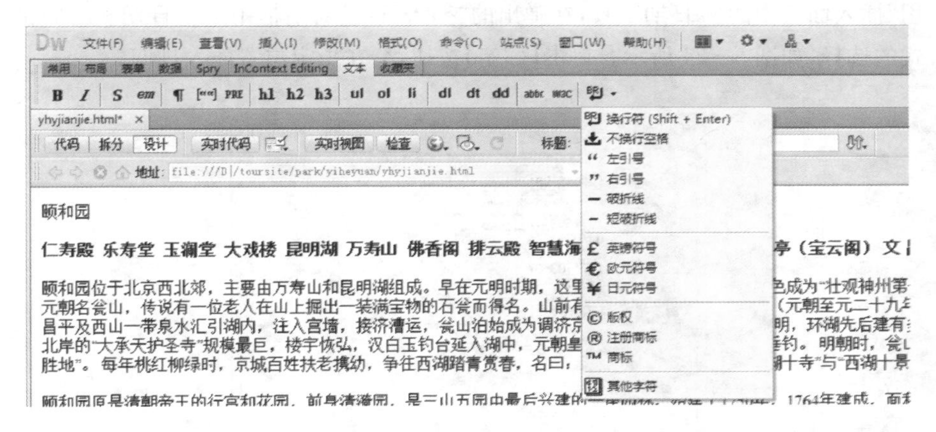

图 5-21
【首选参数】【复制/粘贴】分类对话框

第 7 步，控制段落缩进。将光标置于第二行任意位置，单击【属性】面板中 ，再单击 内缩区块按钮，可以看到该段落两边同时向内缩进两字符，再次单击将再次缩进。按删除内缩区块按钮 ，将看到相反效果。

【知识拓展】

1. 在网页中插入水平线

水平线在网页中经常用到，它主要用于分隔文档内容，使文档结构更清晰明了。在网页中插入水平线的操作如下：

打开文档，将光标放置在要插入水平线的位置，单击菜单【插入】、【HTML】、【水平线】，或单击“常用”插入面板中的 水平线按钮，将在光标处插入一条水平线。

通过属性面板（如图 5-22 所示）可以调整水平线的宽度、高度、对齐方式等。

图 5-22
水平线属性面板

水平线的宽度单位可以是像素或百分比（%），高度的单位是像素。选择“阴影”可将原本实心的水平线变为立体的。“对齐”项设置水平线的对齐方式，包括“默认”、“左对齐”、“右对齐”和“居中对齐”4 个选项。注意，只有当水平线的宽度小于浏览器窗口时才有效。设置水平线的颜色需要通过编辑代码才能实现。可以单击属性面板中的 快速标签选择器工具，在打开的快速标签编辑器中进行颜色的编辑，如图 5-23 所示，设置颜色为 color=“#F30”。

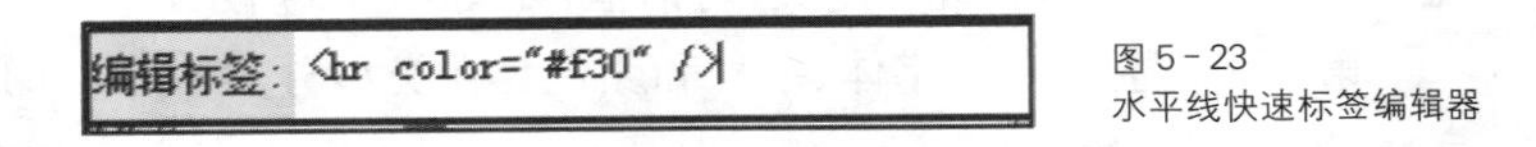

图 5-23
水平线快速标签编辑器

2. 在网页中插入时间

大家在浏览网页时经常会在网页上看到最近一次修改网页的时间，这说明网页是在不断更新的，从而吸引浏览者不断来访问。Dreamweaver 提供了一个方便的日期对象，该对象可以以任何格式插入当前日期。具体操作过程如下：

将光标定位在需要插入日期的位置，单击菜单【插入】→【日期】，或单击“常用”插入面板中的日期工具，在弹出的“插入日期”对话框中进行日期和时间格式的选择，如图 5-24 所示。单击【确定】按钮，会在指定位置插入日期。

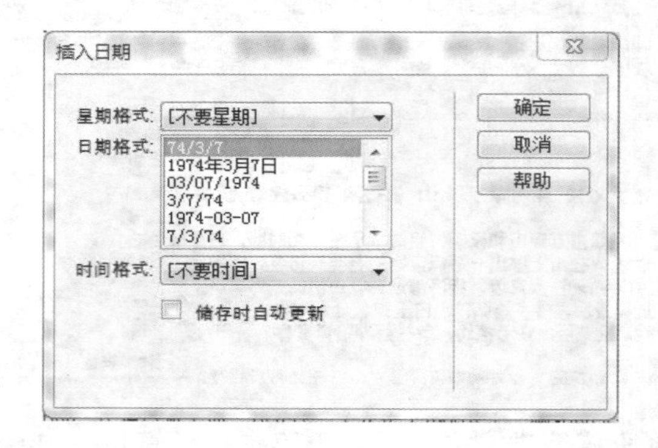

图 5-24
插入日期对话框

》任务 5-5-2 设置文本属性

在 Dreamweaver CS5 中设置文本字型、字体、大小和颜色是通过创建和应用 CSS 规则实现的。一个 CSS 规则可一次定义，多次使用。若修改一个 CSS 规则，则使用该 CSS 规则的所有排版均随之改变。

【任务描述】

设置文本字型、字体、大小和颜色，插入水平线和日期。

【课堂案例 5-8】

继上例，在页面文件 yhyjianjie. html 中设置两级标题字体规则“. t1”、“. t2”以及正文字体规则“. text1”。插入水平线，设置日期。

【任务实施】

第 1 步，打开上例已加入文本的 yhyjianjie. html。单击【窗口】菜单项，选则【CSS 样式】菜单项，这时在屏幕右侧会显示【CSS 样式】窗口。

第 2 步，单击【CSS 样式】窗口的新建 CSS 规则图标，弹出新建 CSS 规则对话框，如图 5-25 所示。在选择器类型中选择“类(可用于任何 HTML 元素)”，在选择器名称中输入“. t1”，表示定义一个名为. t1 的 CSS 样式，按【确定】按钮，此时弹出“. t1 的 CSS 规则定义”对话框，如图 5-26 所示。

第 3 步，选择字型、字体、字号和颜色。在类型分类中，Font-family 用于定义字体，Font-size 用于定义字体大小，Font-weight 用于定义字体是否加粗显示，Font-style 用于定义字体是否斜体显示，color 用于定义字体的颜色，line-height 用于定义行高等。

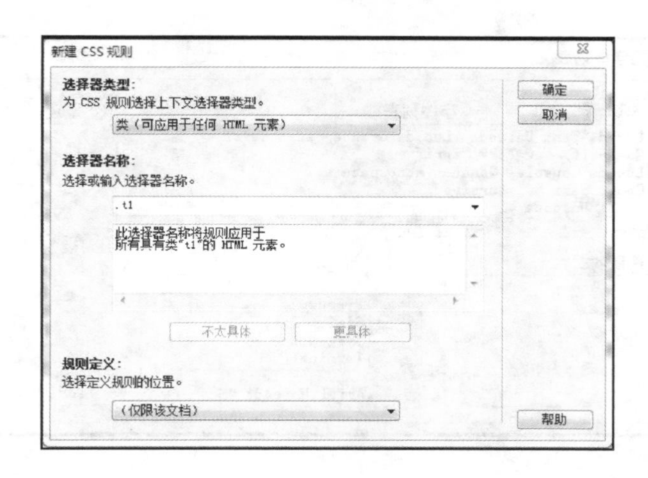

图 5 - 25
【新建 CSS 规则】对话框

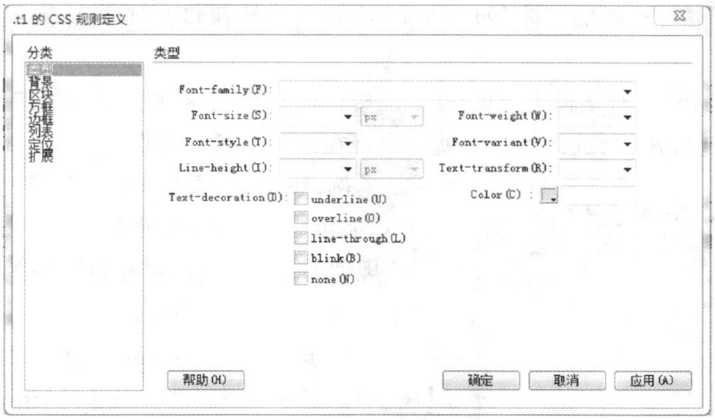

图 5 - 26
【.t1 的 CSS 规则定义】对话框

如果在属性面板的字体下拉列表中找不到所需要的字体，则需要对字体列表进行添加，以满足要求。具体操作步骤如下：

步骤 1：单击 Font-family 组合框的☐，如图 5 - 27 所示，弹出字体列表，选择"编辑字体列表"，弹出编辑字体列表对话框，如图 5 - 28 所示。

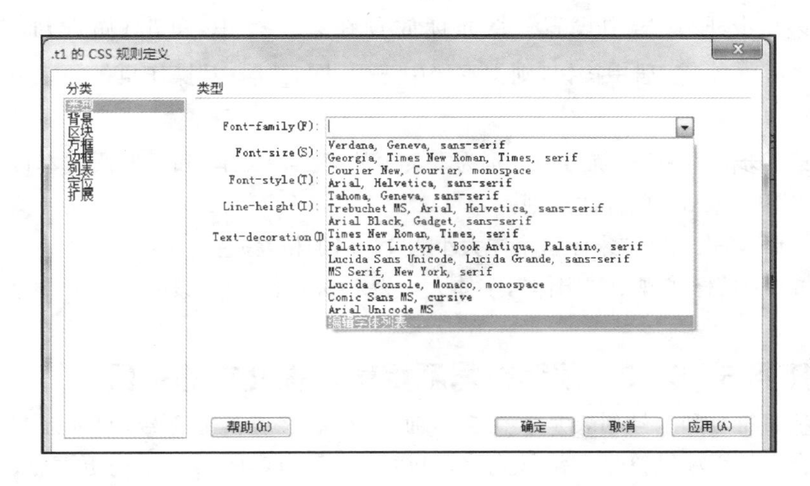

图 5 - 27
字体列表

图 5-28
编辑字体列表

步骤 2:从右下侧的“可用字体”列表框中选择所要的字体,单击按钮将其加入到左侧的“选择的字体”列表框中,再单击按钮将其加入到上边的“字体列表”框中。

步骤 3:利用对话框上方的、按钮调整新加字体的先后位置以便查找,单击【确定】按钮,所选择的字体就会出现在字体下拉列表框中。

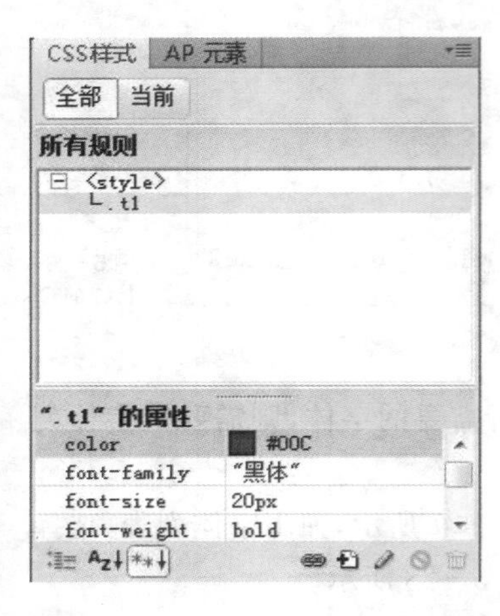

图 5-29
编辑字体列表

本例,添加“黑体”字体,并将字体大小设为 20px,加粗(bold)显示,颜色为“#036”。t1 的 CSS 规则添加完毕后,将在【CSS 样式】窗口中显示。如图 5-29 所示。

第 4 步,选中第一行的“颐和园”三字,单击【属性】面板中 HTML ,再单击【类】组合框,选择“t1”,则被选中的文字按“t1”定义的规则显示。

修改样式规则只需双击【CSS 样式】窗口要修改的样式,将弹出该“CSS 规则定义”对话框,修改即可。

删除样式只需选中【CSS 样式】窗口要删除的样式,按 delete 键即可。

第 5 步,段落居中设置。将光标放置在第一行中,单击【属性】面板中 CSS ,再单击居中按钮,则文本居中显示,同时“居中”操作也被写入“t1”规则中。

第 6 步,举一反三练习。分别为本页中的第二行文本,和后两段文本设计名为“.t2”和“.text1”的样式规则。

“.t2”样式规则:“宋体”,字体大小为 16px,加粗,颜色为“#F30”。

“.text1”样式规则:“宋体”,字体大小为 14px,行高 20,颜色为“#036”。

任务 5-5-3 项目符号和编号列表文本的输入

项目符号和编号列表是放在文本前的点、数字或其他符号,起到强调的作用。合理使用项目符号和编号列表,可以使网页内容的层次结构更清晰、更有

条理。

【任务描述】

设置项目符号和编号列表。

【课堂案例 5-9】

在页面文件 ggjiangjie. html 中输入景点名称,并将其改变成列表样式。

【任务实施】

第 1 步,在故宫文件夹下创建页面文件 ggjiangjie. html,输入景点名称,如图 5-30 所示。

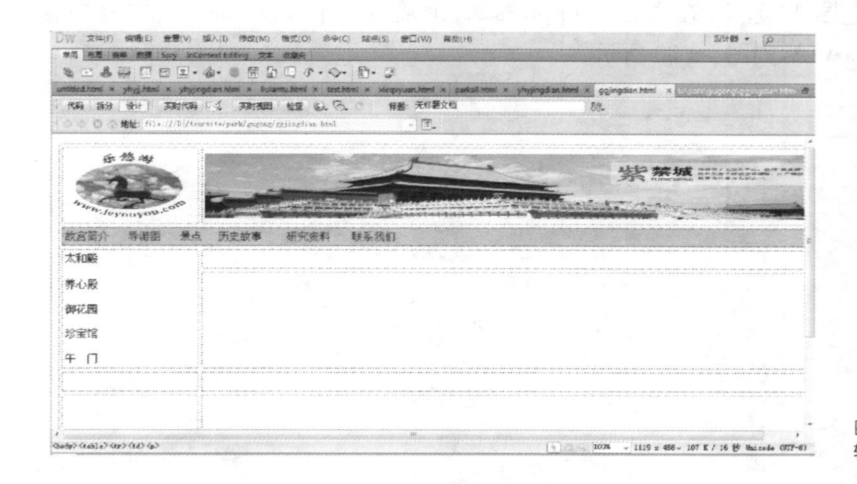

图 5-30 输入文本

第 2 步,选中输入的景点文本,在【属性】面板中,单击 <> HTML ,切换到相应面板,单击【项目列表】按钮,所选文字变为项目列表,如图 5-31 所示。

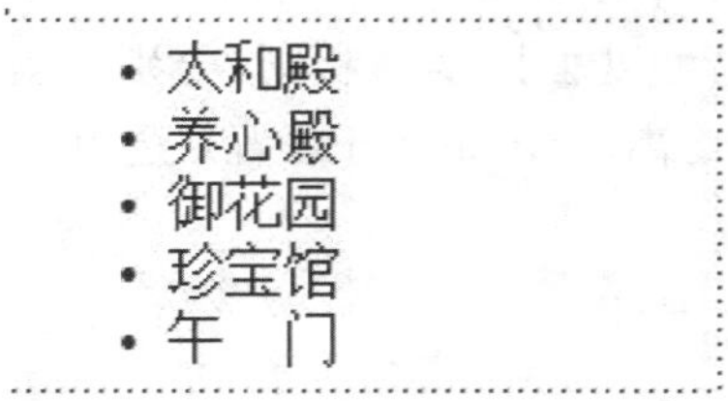

- 太和殿
- 养心殿
- 御花园
- 珍宝馆
- 午 门

图 5-31 项目列表

若想进一步修改列表标志,则继续执行以下操作。

第 3 步,单击【窗口】菜单项,选择【CSS 样式】菜单项,这时在屏幕右侧会显示【CSS 样式】窗口。

第 4 步,单击【CSS 样式】窗口的新建 CSS 规则图标,弹出新建 CSS 规则对话框,如图 5-32 所示。在选择器类型中选择“标签(重新定义 HTML 元素)”,在选择器名称中输入“li”,即创建名称为“li”的样式,单击【确定】按钮。

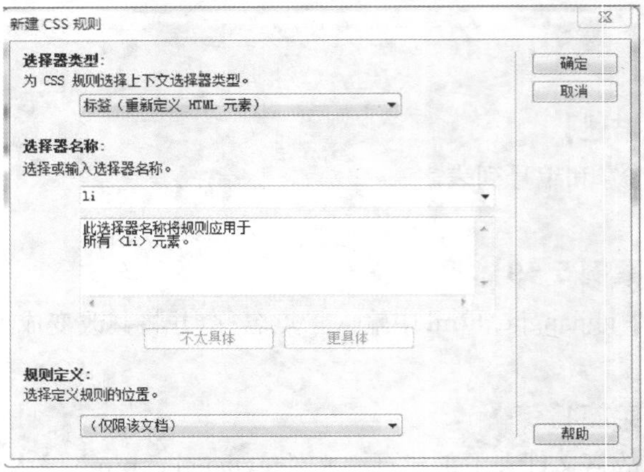

新建 CSS 规则
选择器类型:
为 CSS 规则选择上下文选择器类型。
标签（重新定义 HTML 元素）
选择器名称:
选择或输入选择器名称。
li
此选择器名称将规则应用于
所有 <li> 元素。
不太具体　更具体
规则定义:
选择定义规则的位置。
（仅限该文档）
确定　取消　帮助

图 5-32
CSS 规则定义对话框

第 5 步，定义“li”的规则。选择【li 的 CSS 规则定义】对话框左侧【分类】栏中的【类型】选项，在右侧的【Font-size】中输入 12px，在 color 文本框中输入＃9A9A9A，如图 5-33 所示。

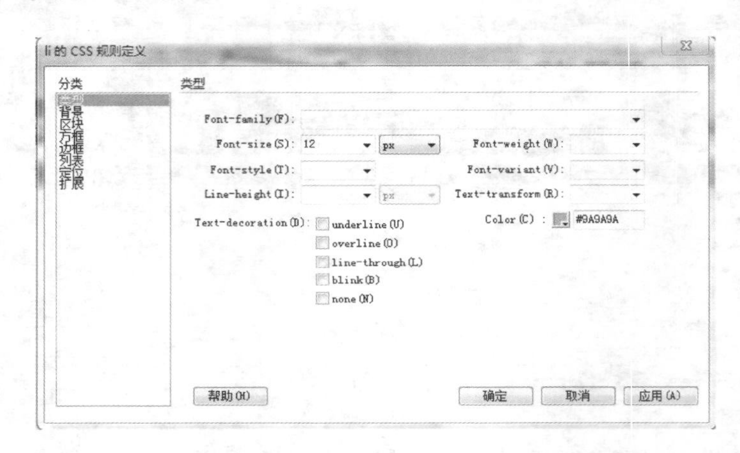

图 5-33
【类型】选项设置

第 6 步，定义“li”规则中“方框”的规则。选择【li 的 CSS 规则定义】对话框左侧【分类】栏中的【方框】选项，在右侧取消【Margin】选项的【全部相同】勾选，在【Top】下拉文本框中输入 3px，如图 5-34 所示。这里 Padding 是内容与边框的距离，可以全部相同，也可以去掉全部相同，分别设置 Top(上)，Right(右)，Bottom(底)，Left(左)的距离；Margin 用于设置外边距。

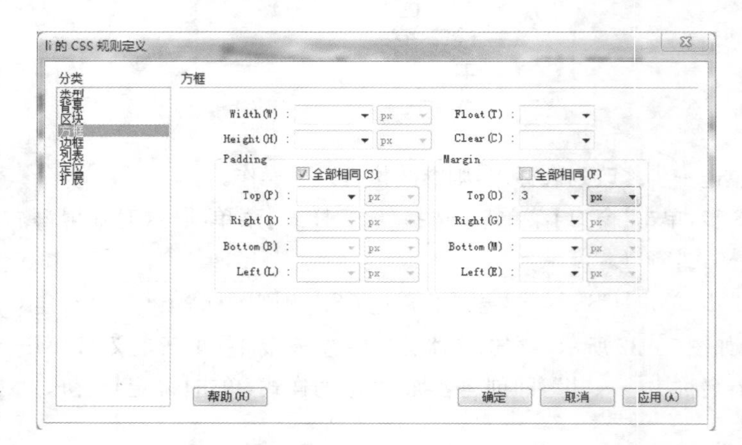

图 5-34
【方框】选项设置

第 7 步，选择列表标志图案。选择【li 的 CSS 规则定义】对话框左侧【分类】栏中的【列表】选项，单击【List-style-image】选项右侧的【浏览】按钮，找到图标图案文件 pic020. jpg，如图 5 - 35 所示，单击【确定】按钮，项目列表的标记则被所选图标图案替代，效果如图 5 - 36 所示。

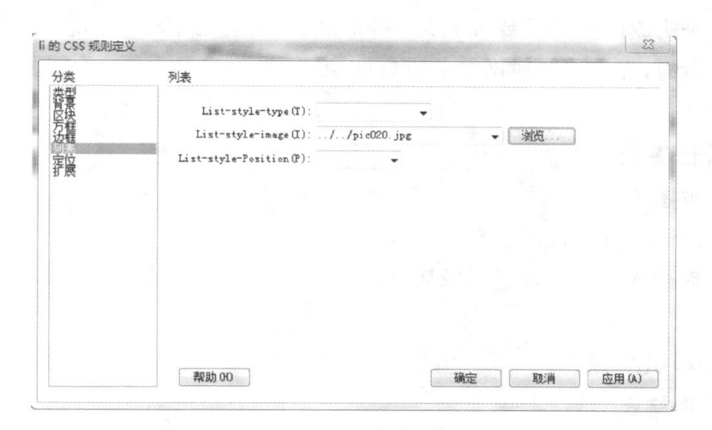

图 5 - 35
【方框】选项设置

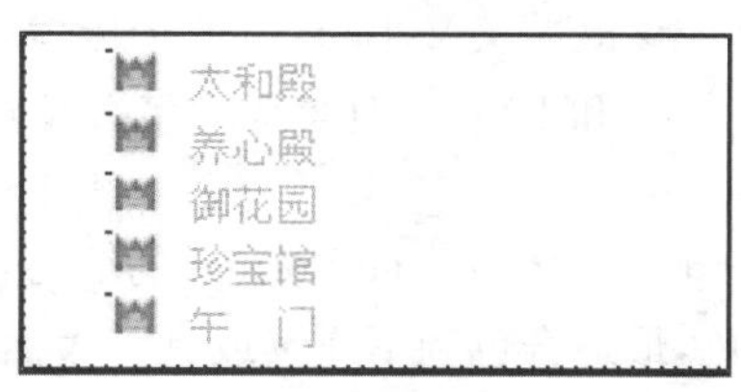

图 5 - 36
修改标志的项目列表

小提示

再次单击【项目列表】按钮 ≔ 可取消添加的项目符号。

项目编号的添加方法同项目列表的添加，只需选中要编号的文本，单击属性面板的【项目编号】按钮 即可。

若需改变编号，如按“a，b，c…”或其他编号，则需修改项目列表的属性。选中要修改编号的文本，单击鼠标右键，在弹出的快捷菜单中选择【列表】→【属性】，则弹出【列表属性】对话框，如图 5 - 37 所示。

在弹出的【列表属性】对话框中，可以在【列表类型】中选择要修改的列表类型，在【样式】下拉列表中选择符号或编号样式，在【开始计数】文本框中设置起始编号。

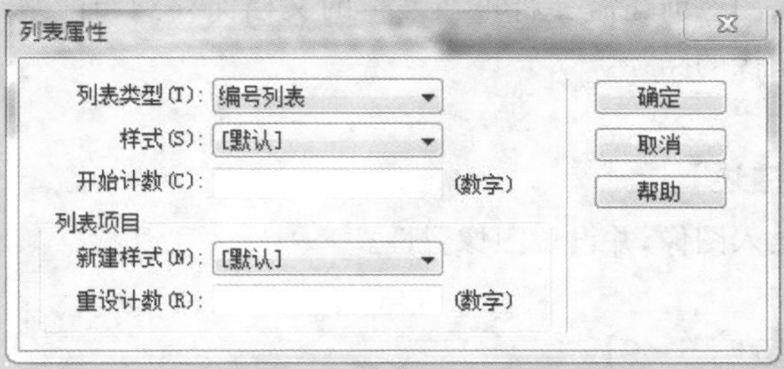

图 5 - 37 【列表属性】对话框

任务5－6　插入图像

图像是构成网页的重要元素之一，是最佳的信息载体。美观的图像会使网页增添生命力，加深用户对网站的良好印象。

【任务目标】

- 了解图像的格式
- 了解图像各属性的意义
- 掌握插入图像及设置图像属性的方法

【知识准备】

1. 图像格式

对于网络来说，图像应该既精美又小巧，以便于传播。大多数网页采用以下三种格式的图像：GIF、JPEG 和 PNG。但当今大多数浏览器只支持前两种文件格式。

GIF 是英文单词 Graphic Interchange Format 的缩写，即图像交换格式。GIF 文件最多使用 256 种颜色，最适合色调不连续或具有大面积单一颜色的图像，例如导航条、按钮、图标等。

JPEG 是英文 Joint Photographic Experts Group 的缩写，是专门用于处理照片的图像。JPEG 是一种压缩得非常紧凑的格式，图像有一定的失真度，但在正常情况下肉眼分辨不出 JPEG 和 GIF 格式图像的区别。JPEG 不支持透明图、动态图，但它能够保留全真的色调格式。

PNG 图像是一种格式上非常灵活的图像，兼有以上两种图像的优点。既支持透明背景，又可以支持 256 色以上的颜色数目，不过图像文件比 JPEG 大。

在网页中，一般图像颜色较少时建议使用 GIF 格式，图像颜色较丰富时，建议使用 JPEG 格式。

2. 图像保存位置

如果所选图像位于当前站点文件夹中，则系统可直接插入图像。一般情况下，在设计站点前，需要把网页中用到的图像保存到站点文件夹的“images”文件夹中。而在插入图像前还需要将正在编辑的文档保存到当前站点，以便系统能够正确地解释图像的路径。

【任务描述】

在网页中插入图像，并设置图像属性。

【课堂案例 5－9】

继上例，在页面文件 yhyjianjie. html 中插入图像，并设置图像高为 266 像素，宽 198 像素，左对齐，垂直边距和水平边距均为 20 像素。

【任务实施】

1. 插入图像。

将光标放置在需要插入图像的位置，本例放置在第一段正文起始位置，单击菜单【插入】→【图像】，或单击“常用”插入面板中的 图像工具，弹出“选择图像源文件”对话框，如图 5－38 所示。选择需要插入的图像，然后单击【确定】按钮。

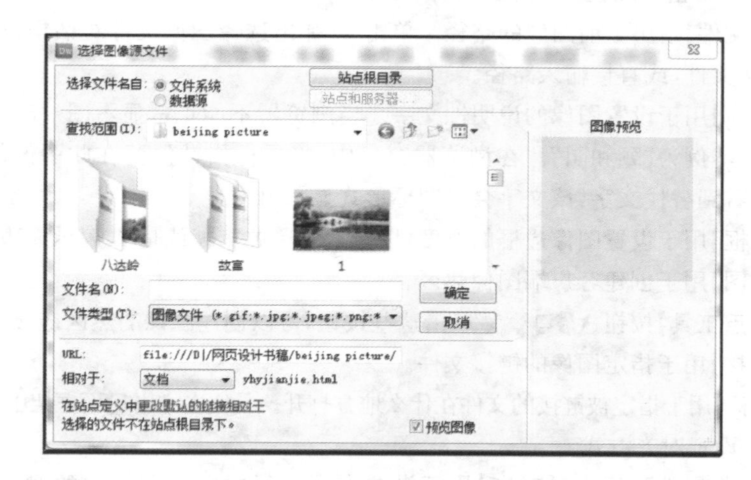

图 5－38
选择图像对话框

如果所选图像不在本地站点文件夹中，则 Dreamweaver 会弹出提示框，如图 5－39 所示，询问是否将该文件复制到本地站点的根目录中。单击【确定】按钮后进入“复制文件为”对话框，如图 5－40 所示。选择保存的文件夹，输入文件名后，单击【保存】按钮。完成上述操作后，此图像将显示在文档窗口中的指定位置。

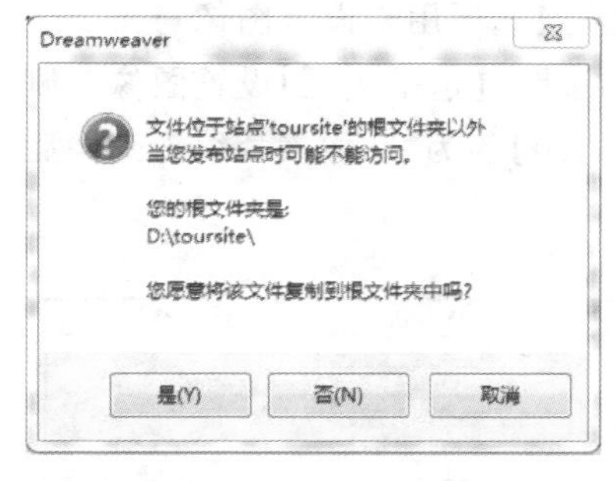

图 5－39
提示框

图 5－40
复制文件对话框

2. 设置图像属性

图像插入后还需设置图像的属性，包括图像的大小、边框线、对齐方式等等。单击选中的图像，这时，图像周围出现八个控点，表示图像处于可编辑状态。此时出现图像属性面板，如图 5－41 所示。

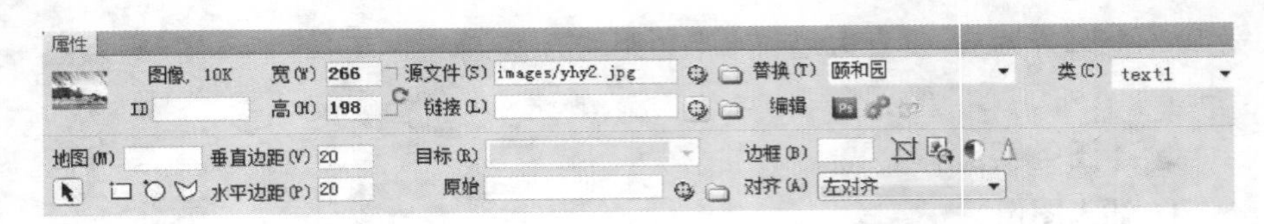

图5-41
图像的属性面板

(1) 设置图像基本属性

在图像属性面板中：

【宽】和【高】用于设置图像大小，以像素为单位。本例图像高为266像素，宽198像素。单击 按钮，可恢复图像到原来大小。

【源文件】指出当前图像的路径。单击 弹出选择图像文件对话框，可从中选择图像文件，或直接输入路径。

【替换】用于设置图像的说明性文字。当浏览器不能正常显示图片时将显示此文字。本例为“颐和园”。在浏览器窗口中，将鼠标指针停留在此图像位置上时，就会看到替代文字，该文字会以图标形式显示出来。

【边框】用于设置图像边框的宽度，以像素为单位。默认是0，表示无边框。

【地图】用于创建客户端图像热区。

【热点工具】按钮 单击这些按钮，可以创建图像的热区链接。

【链接】用于指定图像的链接文件。

【目标】用于指定被链接的文件在什么地方打开。具体在本书后面框架中再讲解。

(2) 设置对齐方式

在图像属性面板中，【对齐】用于设置在同一行中图像和文本的对齐方式。有多种设置形式，如顶端(文字与图像的顶端对齐)、居中(文字与图像的中间对齐)、底部(文字与图像的底端对齐)、左对齐(图像居左，文字右环绕)、右对齐(图像居右，文字左环绕)等。当然，这些只是最基本的图文混排方式，还有其他较高级的排版功能，如表格、AP元素等，将在后续章节讲解。此处选择左对齐。

(3) 调整图像位置

在图像属性面板中，【垂直边距】和【水平边距】选项用来设置图像与文字之间的距离。【垂直边距】设置图像顶部和底部的边距，【水平边距】设置图像左侧和右侧的边距。本例设置【垂直边距】和【水平边距】各为20像素。编辑图像后的页面效果如图5-42所示。

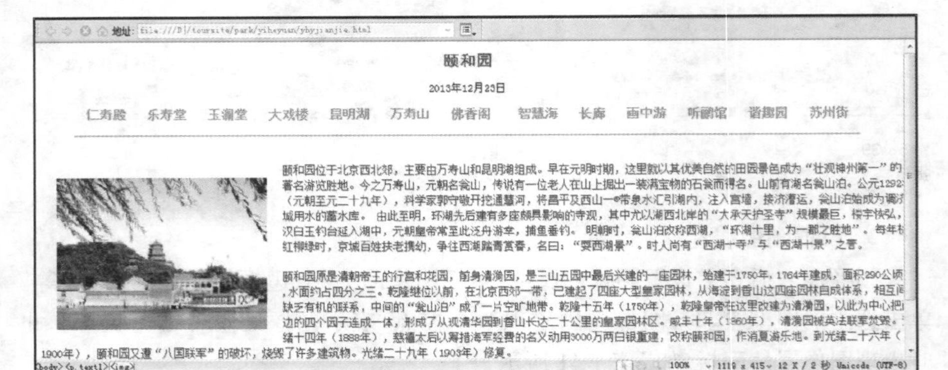

图5-42
编辑图像后的效果

(4) 处理图像

利用图像属性面板中的剪裁工具、重新取样工具、亮度和对比度工具、锐化工具可以直接对图像进行修饰和编辑。

图像剪裁功能可将不需要的部分裁去。单击选中图片，单击图像属性面板中的剪裁工具，向内拖动图像周围任一控点，此时图片出现阴影部分，阴影部分为要删掉的区域，双击保留区域，则阴影部分删除。

亮度和对比度工具可通过调整图像的亮度和对比度，使网页整体色调一致，图像也更加清晰。图像锐化工具操作方法与此类似。下面以对图像进行亮度和对比度处理为例说明，具体操作过程如下：

步骤1：选中需要处理的图像，单击属性面板中亮度和对比度工具如图5-43所示。

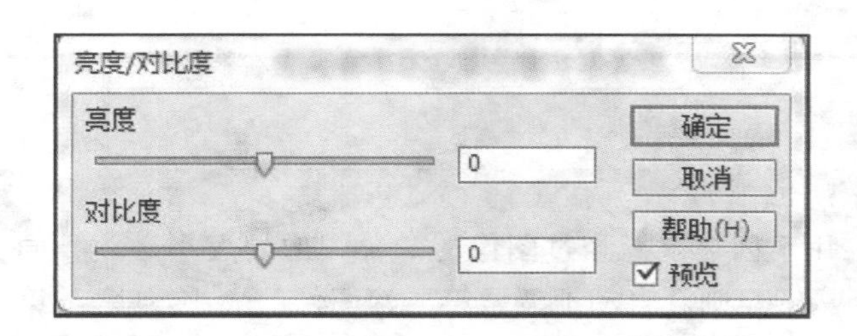

图5-43 亮度和对比度调整对话框

步骤2：在其打开的“亮度/对比度”对话框中进行相应设置，如图5-43所示，拖动滑块调整数值，同时查看预览效果。

步骤3：设置完成后单击【确定】按钮即可。

【知识扩展】

1. 插入图像占位符

若在制作时没有找到图片，可以先用图像占位符来替代图像进行排版布局，待有合适图片时再插入即可。操作如下：

将光标置于要插入图像占位符的位置，单击菜单【插入】→【图像对象】→【图像占位符】，打开图像占位符对话框，如图5-44所示。输入名称、高度和宽度等属性值，单击【确定】按钮即可。

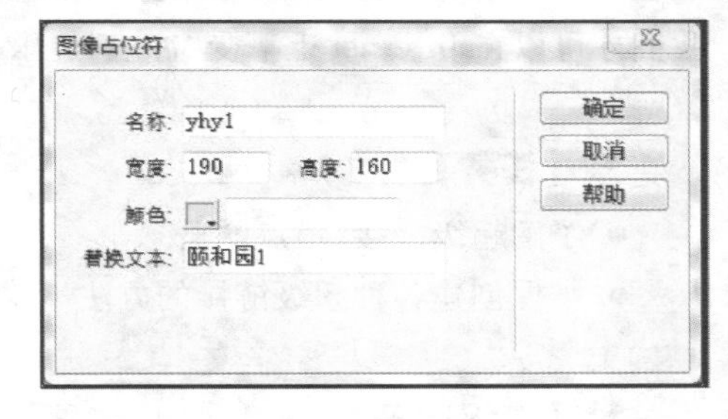

图5-44 图像占位符对话框

当需要插入图片时，双击该图片位置的图像占位符，在弹出的【选择图像源文件】对话框中选择需要插入的图像文件，单击【确定】按钮即可完成插入。

2. 插入鼠标经过图像

“鼠标经过图像”是指当鼠标经过图像时，图像内容将自动更新。鼠标经过图像实际是两幅图像组成的，即初始图像(页面首次加载时显示的图像)和替换图像(鼠标指针经过时显示的图像)。具体操作过程如下：

步骤 1:将光标置于要插入“鼠标经过图像”功能的位置。

步骤 2:执行菜单【插入】→【图像对象】→【鼠标经过图像】命令,或单击“常用”插入面板中的 鼠标经过图像工具,在弹出的“插入鼠标经过图像”对话框中进行有关设置,如图 5-45 所示,然后单击【确定】按钮。

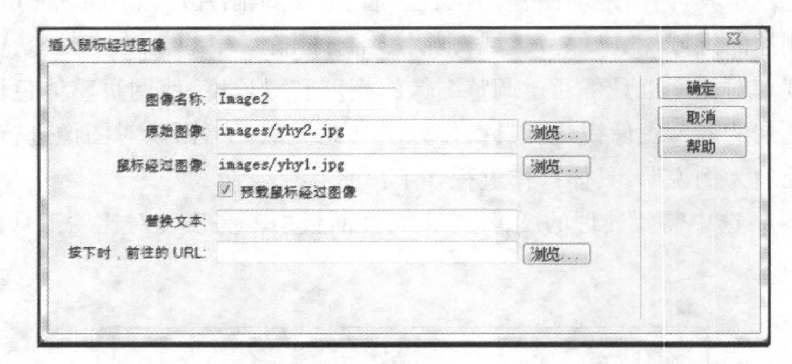

图 5-45
插入鼠标经过图像对话框

小提示

注意:用于创建鼠标经过图像的两幅图像的大小必须相同。如果不同,Dreamweaver 则会自动地调整第二幅图像的大小,使之与第一幅图像匹配。这可能会造成第二幅图像的变形。

任务 5-7 创建超级链接

超级链接是网页中最为重要的部分,单击网页中的超级链接,即可从一个网页跳转到另一个网页。网站就是由链接在一起的网页构成的。超级链接不仅可以在一个网站的网页之间链接,还可以链接到其他网站。正因为有了超级链接,我们才可以在 Internet 上享受“冲浪”的乐趣。

【任务目标】

- 了解超级链接、锚点的概念
- 掌握创建各种超级链接的方法

【知识准备】

超级链接又称超链接,是指从一个网页指向一个目标的连接关系,这个目标可以是另一个网页,也可以是相同网页上的不同位置,还可以是一个图片,一个电子邮件地址,一个文件,甚至是一个应用程序。而在一个网页中用来超链接的对象,可以是一段文本或者是一个图片。

当一个页面内容庞大繁琐时,为便于浏览者快速准确地查看到页面里的特定段落,可以采用“锚点”链接的方法。利用锚记可以在文档中指定的位置上创建链接的目标端点。使用锚记，不仅可以跳转到其他文档中的指定位置，还可以跳转当前文档的指定位置。

任务 5-7-1 创建文本超级链接

文档(页面)之间的链接是最常见的链接，利用这种链接，可以从一个文档跳转到另一个文档。

【任务描述】

为网页中的文本创建超级链接。

【课堂案例 5-10】

继上例，在 yiheyuan 文件夹中新建一个网页，命名为 xieqvyuan. html。在页面文件 xieqvyuan. html 中，输入颐和园谐趣园的图片和简介。然后完成以下两项任务。

1. 在文件 yhyjianjie. html 中，为“谐趣园”三字创建到 xieqvyuan. html 页的超级链接。

2. 在文件 yhyjianjie. html 中，创建景点名称“昆明湖”到景点介绍的锚点超级链接，再建立返回页面前面的锚点超级链接。

【任务实施】

任务 1 具体操作过程如下：

步骤 1：选中要创建链接的文字“谐趣园”。

步骤 2：执行菜单【插入】→【超级链接】命令或单击“常用”插入面板中的超级链接工具，弹出“超级链接”对话框，浏览找到目标文件，指定链接文档打开的目标，如图 5-46 所示，然后单击【确定】按钮。

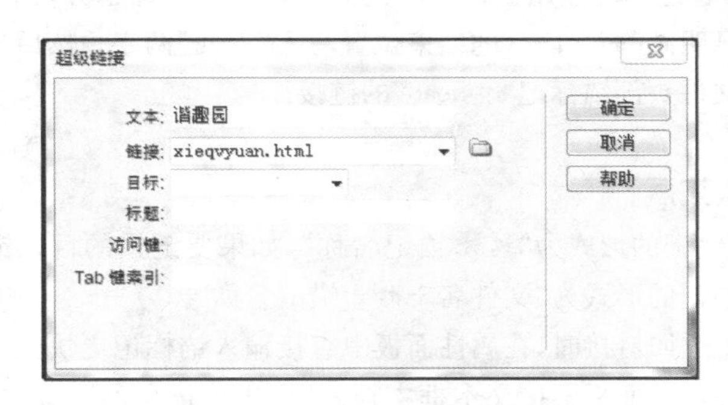

图 5-46
超级链接对话框

步骤 3：保存文件后预览链接的效果。

任务 2 创建锚点链接

创建锚点链接可分两步完成，先在网页某处指定位置创建超级链接的目标端点(即锚点)，并为其命名；然后在超级链接的源端点处建立指向该锚点的超级链接。

具体操作过程如下：

将本书提供的实例素材\第 5 章\主要景区. doc 打开，全选、复制，粘贴到页面文件 yhyjianjie. html 当前内容的后面。

在 yhyjianjie. html 文档中按如下方法创建锚记。

步骤 1:命名锚点。

将光标放置在页面“昆明湖”简介段落的起始位置,执行菜单【插入】→【命名锚记】或是单击“常用”插入面板中的锚记工具,弹出如图 5 - 47 所示的“命名锚记”对话框。在“锚记名称”文本框中输入锚记的名称,本例为 kmk。单击【确定】按钮,在创建锚记的位置将出现锚记标记。

图 5 - 47
命名锚记对话框

小提示

注意:若选中要为其指定锚点的文本,则选中的文字会出现在“锚记名称”文本框中。按“确定”按钮后,该文字将被锚点标记所取代。

步骤 2:链接锚点。

选中文字网页第三行的景点名称中的“昆明湖”三字,单击菜单【插入】→【超级链接】命令或单击“常用”插入面板中的超级链接工具,弹出“超级链接”对话框,设置“链接”选项为“＃kmh”,按“确定”按钮保存。注意:链接锚点,要以“＃”开头,后面写锚点名称,以区别于普通超链接。

步骤 3:设置返回锚点超链接。将光标放置在页面标题旁,创建名为“head”的锚点。在“昆明湖”简介段落的结束位置写入“返回”两字。然后选中“返回”两字,创建其到文件头部锚标记“＃head”的链接。

【知识拓展】

页内链接锚记的形式为“＃＋锚记名称”,如果要链接的目标锚记位于其他文档中,链接锚记的形式为“文件名＋＃＋锚记名称”。

另外,设置返回链接时,在属性面板中直接输入锚标记更快捷。选中要设置链接的文字,在属性面板链接文本框中输入“＃＋锚记名称”,按回车确认即可。如图 5 - 48 所示。

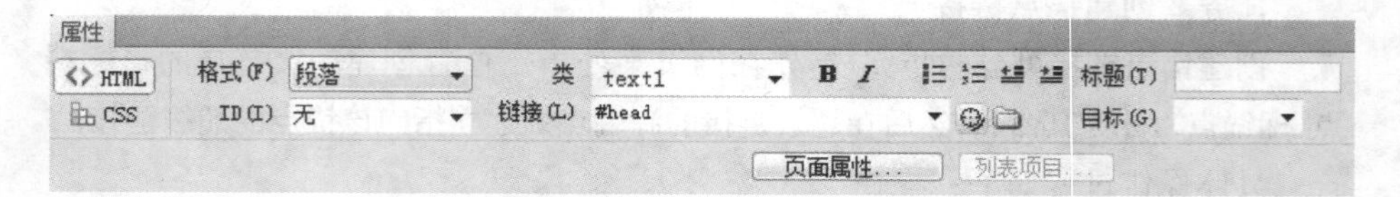

图 5 - 48
属性面板链接锚记链接设置

任务 5-7-2　创建到电子邮件超级链接

电子邮件链接是一种特殊的链接，单击此链接不是跳转到相应的网页上或是下载相应的文件，而是会启动相应的邮件程序，可以编写电子邮件发送到指定的地址。

【任务描述】

为网页创建电子邮件链接。

【课堂案例 5-11】

继上例，在页面文件 yhyjianjie. html 中，创建联系我们电子邮件链接。

【任务实施】

首先在 yhyjianjie. html 页面第二行输入“联系我们”，按“ctrl＋shift＋空格键”添加空格，将“联系我们”四字放在适当位置。然后操作如下：

第 1 步，选中“联系我们”。

第 2 步，单击菜单【插入】→【电子邮件链接】或单击“常用”插入面板中的 电子邮件链接工具，弹出“电子邮件链接”对话框，该对话框的文本框中会出现选中的文字。

第 3 步，输入 E-mail 地址，如图 5-49 所示。然后单击【确定】按钮完成电子邮件链接。

图 5-49
电子邮件链接对话框

第 4 步，保存链接后预览效果。单击该链接，可以打开相应的邮件程序书写邮件。如果邮件程序是 Outlook Express，则单击链接后，会启动 Outlook Express，同时相应的邮件地址信息 yiheyuan@126. com 会出现在“收件人”文本框中。

任务 5-7-3　创建图像超级链接

在网页中，不但可以单击整幅图像跳转到链接文件，也可以单击图像中的不同区域跳转到不同的链接文档，这些区域被称为图像热点。将整幅图像作为超级链接对象的操作方法比较简单，与文字的超级链接创建方法相同。将图像热点作为超级链接对象的需先创建图像热点。

【任务目标】

- 了解图像热点的概念，掌握制作图像热点的方法
- 掌握创建图像链接和图像热点链接的方法

【任务描述】

为网页创建图像热点超级链接。

【课堂案例 5-12】

继上例，在公园浏览图上创建图像热点。

【任务实施】

在 yiheyuan 文件夹下创建页面文件 liulantu. html。将本书提供的实例素材\第 5 章\liulantu. jpg 复制到 yiheyuan 文件夹下的 images 文件夹中。打开页面文件 liulantu. html，插入图像 liulantu. jpg。

1. 创建图像热点

第 1 步，选中要创建热点的图像。

第 2 步，分别单击其属性面板中相应的□矩形热点工具、○圆形热点工具、▽多边形热点工具，在公园浏览图上拖动鼠标，即可创建热点区域。一幅图像中可创建多个热点，如图 5-50 所示。

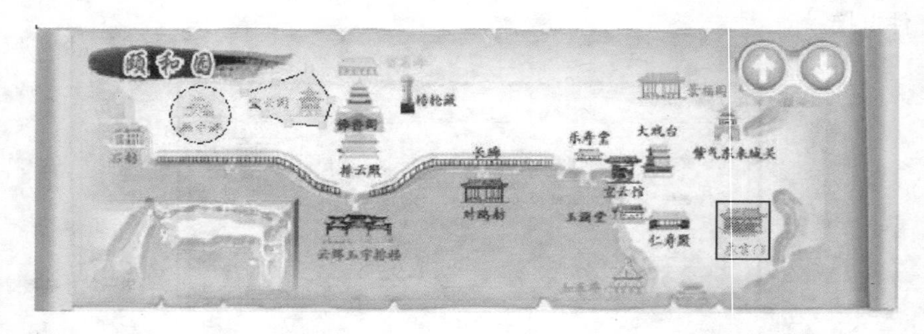

图 5-50
创建热点区域

第 3 步：单击属性面板上的指针热点工具，可以调整热点的位置。

2. 创建图像热点超级链接

分别选中矩形、椭圆形热点，在其属性面板中进行链接的设置。最快捷的方法是拖动"链接"选项右侧的瞄准镜图标，指向文件面板中的链接目标文件即可。也可使用浏览文件图标，浏览找到链接目标文件。

图 5-51 为图像热点的属性面板，其中包括地图名称、目标、链接、替代名称等选项设置。

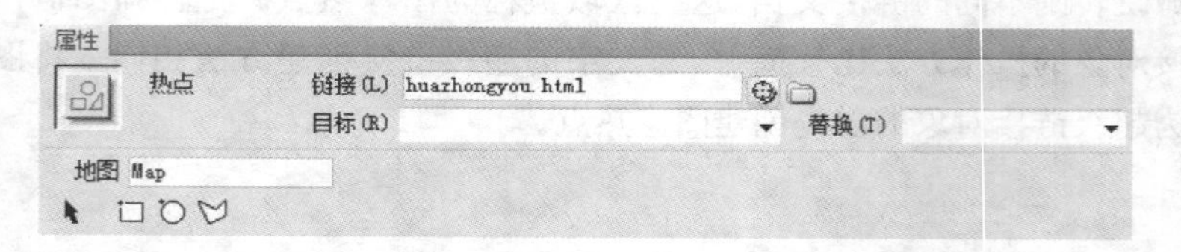

图 5-51
图像热点的属性面板

任务 5－8　插入 Flash 动画

Flash 动画是目前网上流行的动画技术，它是一种矢量元素，图像具有放大不失真和占用空间小的特点。可以用 Flash 制作动感十足的导航条和按钮等网页元素。

【任务目标】

- 了解 Flash 动画的格式
- 掌握插入 Flash 动画的方法

【任务描述】

在网页中插入 Flash 动画。

【课堂案例 5－13】

在网页 liulantu. html 中插入 Flash 动画。

【任务实施】

插入 Flash 动画的操作过程如下：

第 1 步，将光标定位在要加入 Flash 动画的位置。

第 2 步，单击菜单【插入】→【媒体】→【SWF】或单击“常用”插入面板中的 SWF 工具，在弹出的“选择文件”对话框中选择需要添加的 Flash 动画文件，单击【确定】按钮即可。插入的 Flash 动画在设计窗口中显示为占位符的形式，单击【属性】面板的【播放】，可以播放动画。

第 3 步，在 Flash 动画的属性面板中可以进行 swf 文件尺寸大小等属性的调整。如图 5－52 所示。

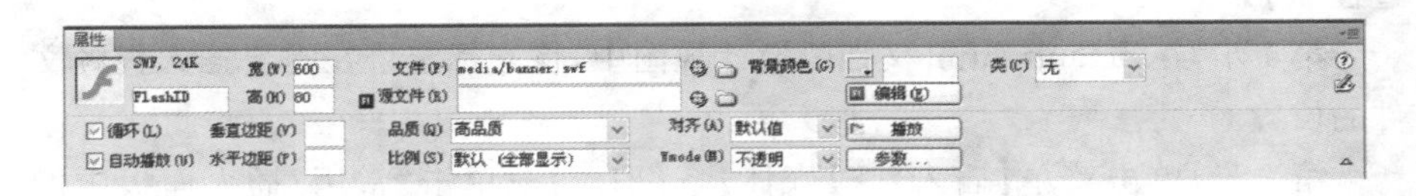

图 5－52
Flash 动画属性面板

第 4 步，设置 Flash 动画的背景颜色为透明。选中插入的 Flash 动画文件，切换到代码窗口中，在其〈object〉…〈/object〉标记中插入如下代码：

〈param name＝"wmode" value＝"transparent"〉

其中，param 是参数标记，wmode 为窗口模式，transparent 为透明模式。该方法可以有效解决 Flash 遮挡页面元素的问题。

第 5 步，保存文件。Dreamweaver 会自动生成 swfobject_modified. js 和 expressInstall. swf 两个文件，存在站点根下的 Scripts 文件夹中。按 F12 键预览效果。

小提示

网页中的 Flash 动画文件应为. swf 格式。浏览器中安装 Flash Player 播放器后才能浏览 Flash 动画。

调整 swf 尺寸时,如果用鼠标拖动控点进行调整,则应在调整的同时按住【shift】键,以保持纵横比。

任务 5－9 插入视频文件

FLV 影片是目前流行的一种流媒体视频格式,也称 Flash 视频,其扩展名为. flv。Flash 视频文件很小,并且无需浏览器再安装其他视频插件,只要能播放 Flash 动画就能观看 Flash 视频,所以 FLV 影片也成为目前观看网络视频的首选格式。

【任务目标】

- 掌握插入 FLV 影片的方法

【任务描述】

在网页中插入 FLV 影片。

【课堂案例 5－14】

在网页 liulantu. html 中插入 FLV 影片。

【任务实施】

在 Dreamweaver 中,能够直接将 FLV 格式的视频文件插入到网页中,操作过程如下:

第 1 步,在 default. html 文档的设计视图中,将光标定位在需要插入视频文件的位置。

第 2 步,单击菜单【插入】→【媒体】→【FLV】或单击"常用"插入面板中的 FLV 工具,弹出"插入 FLV"对话框,如图 5－53 所示。

第 3 步,在对话框中,从"视频类型"弹出式菜单中选择"累进式下载视频"选项,并进行以下属性设置:

【URL】:指定 FLV 文件的相对或绝对路径。

【外观】:指定 Flash 视频组件的外观。所选外观的预览会出现在"外观"项下方。

【宽度】:以像素为单位指定 FLV 文件的宽度。

【高度】:以像素为单位指定 FLV 文件的高度。

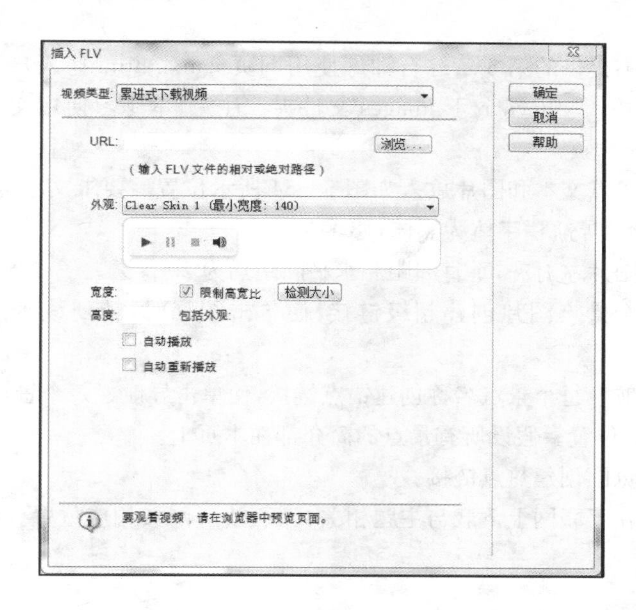

图 5－53
插入 FLV 对话框

【限制高宽比】：保持 Flash 视频组件的宽度和高度之间的横纵比不变。默认情况下会选择此选项。

【自动播放】：指定在网页打开时是否自动播放视频。

【自动重新播放】：指定播放控件在视频播放完之后是否返回起始位置。

第 4 步，属性设置完成后单击【确定】按钮即可将 Flash 视频内容添加到网页中。

第 5 步，保存文件后，按 F12 键预览视频。

综合训练：《北京旅游网站》某页面制作

根据前面所学，创建图 5－54 所示页面。

图 5－54
综合练习页面

要求：

1. 将本书提供的第 5 章综合训练使用网页 lianxi. html 拷入自己创建的站点，图片素材拷入 yiheyuan 下 images 文件夹。注意，本练习使用文本素材保存在 lianxi5. doc 中。

2. 将各景点文本和图片放入如图 5－54 所示位置。要求文字为仿宋体、16 号字，行高 20。导航栏字体为黑体，18 号字。

3. 景点图片左对齐，垂直间距和水平间距均为 20 像素。

4. 为每个景点图片创建超级链接，使单击图片时，转到该景点的详细信息页。

5. 为导航栏每个景点名称创建锚点链接，使单击导航栏每个景点名称时，网页跳转到相应位置。假设所有景点的简介都在本页上。

6. 为导览图创建热点链接。

7. 自行在互联网上下载与主题相关视频，放入网页相应位置。要求打开网页即播放。

【项目小结】

1. 站点是由一系列相互链接的网页文件或称文档组成的。利用浏览器预览整个网站，可以从一个文档跳转到另一个文档。Dreamweaver 中的站点包括远程站点和本点存储站点。

2. 在创建网站前，需要先建立站点。所谓建立站点，就是建立放置所有页面文件的文件夹，这个文件夹被称为本地根目录。

3. 为文件命名时，最好不要使用空格、特殊字符、中文字符等，不要以数字开头，文件名应尽可能短小和有意义。

4. 制作网页时，设置页面属性是非常重要的，主要包括标题、背景图像、背景颜色、页面边界、链接、编码等。

5. 图像会使网页下载的时间大大增加，必要时需要使用一些软件，如 Fireworks、Photoshop 等，对图像进行“瘦身”。在设计网页时，应以文字为主、图像为辅。

6. 图像热点链接是指位于一幅图像上的一个或多个链接区，通过单击不同的链接区域，可以跳转到不同的链接目标点。

7. 同一个网站的网页尽可能风格一致。网页不要太花哨，简洁清新、内容清晰，重点突出，适当添加图片即可。每一个网页不宜过大，否则会影响下载速度。

【思考题】

1. 如何修改 Dreamweaver 中的工作参数?

2. 什么是站点? 为何要建立站点? 在 Dreamweaver 中如何建立站点?

3. 在网页中如何修改文本的字型、字体、大小和颜色?

4. 什么类型的页面适合采用锚记?

5. 网页中可以插入哪些格式的图像、动画、音频、视频文件?

6. 实际操作:根据本章所讲内容创建一个图书网站,并设计 3—4 个基本网页。

项目六

06

使用 HTML 编写网页

【项目导读】

- 理解 HTML 的基本概念
- 掌握 HTML 文档的基本结构
- 掌握 HTML 的基本语法
- 掌握 HTML 常用标记的语法

【项目重点】

- 掌握文本标记的使用方法
- 掌握多媒体标记的使用方法
- 掌握超链接标记的使用方法
- 掌握表单标记的使用方法

【项目难点】

- 表单标记的使用方法

【关键词】

HTML、文本标记、多媒体标记、超链接标记、表单标记

【任务背景】

李晓明同学在创建网站的过程中，力图能够开发出更具个性化的网页，并且使网站更加符合用户需求。要达到这个目标，他发现在使用 Dreamweaver 的过程中，需要能够看懂以 HTML 语言为基础的源代码。这促使他对 HTML 语言进行了全面的学习。

任务6－1　HTML基础

HTML是编辑网站页面的基础语言。为了更好地完成网站开发，需要开发者对HTML语言进行深入的学习。

【任务目标】

- 理解HTML基本概念
- 掌握HTML文档的基本结构和基本语法

【知识准备】

开发者在创建网站的过程中经常借助一些“所见即所得”制作软件，如Dreamweaver等。这些软件开发网页的源代码是基于HTML语言的。掌握HTML语言能够使开发者对网页进行个性化的修改，实现更加符合用户需求的网站。

HTML是Hyper Text Markup Language的缩写，称为超文本标记语言，是一种用来制作超文本文档的简单标记语言。标记语言包含一套标记标签，HTML使用它来描述网页。

如前文所述，超文本(Hyper Text)或称超链接(link)，是使文件和文件、文件和多媒体信息(语言和照片、动画等)像目录一样关联，具有能够实现从某个信息简单地调出其他信息的功能。

标记(Markup)是HTML语言中最基本的单位，是控制网页内容显示方式的信息，比如在制作文本时，定义字体的种类、大小等。

完整的html文档，分为头部和主体部，其基本结构为：

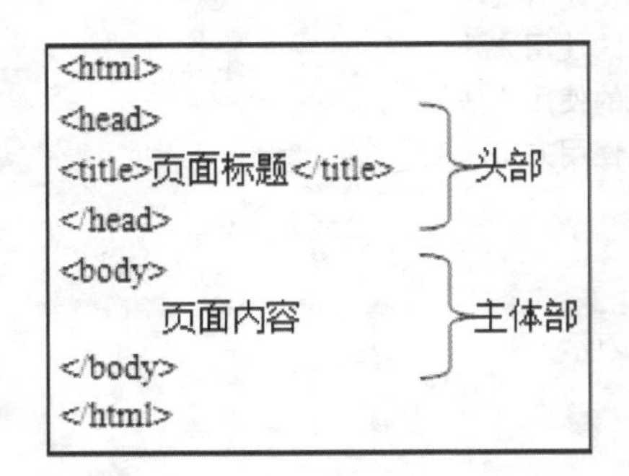

图6－1
HTML文档结构

HTML文档由各种各样的标记构成。标记是由尖括号包围的关键词，比如〈html〉。标记通常是成对出现的。比如〈html〉和〈/html〉，第一个标记是开始标记，第二个标记是结束标记。标记中可以包含一串允许的属性值对。其形式一般表现为以下几种：

(1) 空标记，如〈br〉

(2) 带有属性的标记，如〈hr color="red"〉

(3) 带有内容的标记〈title〉html学习〈/title〉

(4) 带有内容和属性的标记〈font color="red"〉html学习〈/font〉

任务 6－2　HTML 常用标记

网页上能够以文字、图像、链接等形式显示信息，是通过 HTML 语言的标记由浏览器解释完成的。作为开发者，在网页开发过程中，首先要明确你要在网页上显示什么信息；其次要知道使用什么标记控制这些信息的显示。

HTML 的常用标记包括排版标记、表格标记、表单标记、多媒体标记等等。

大部分标记有自己的属性和属性值，通过属性和属性值对页面元素进行具体设置。

【任务目标】

- 掌握 HTML 常用标记的语法

任务 6－2－1 基本标记

【任务描述】

使用记事本以文本方式编辑 HTML 文档，定义页面标题和页面主体。

在 HTML 文档中，在头部〈head〉〈/head〉标记中使用〈title〉〈/title〉标记定义页面文档标题，使用〈body〉〈/body〉标记定义页面主体。

【课堂案例 6－1】

创建一个 HTML 页面文档 6－1. html，文档标题为“基本标记案例”，页面背景颜色为黄色，页面文字颜色为红色，页面文字信息为“HTML 基本标记应用展示”，效果如图 6－2 所示。

图 6－2
基本标记案例

【任务实施】

第 1 步，在记事本中新建一个文档，文档名称保存为 6－1. html。

第 2 步，在文档中进行代码编辑：

```
<html>
 <head>
  <title>基本标记案例</title>
 </head>
 <body bgcolor="yellow" text="red">
   HTML基本标记应用展示
 </body>
</html>
```

图 6－3
基本标记案例代码

【任务讲解】

〈html〉与〈/html〉标记定义文档的开始点和结束点，在它们中间要定义文档的头部和主体。

〈head〉与〈/head〉标记定义文档的头部，用来描述文档的各种属性和信息，比如【课堂案例 6 - 1】中应用〈title〉〈/title〉标记定义文档的标题。在头部标记中还可以使用的标记有〈base〉、〈link〉、〈meta〉、〈script〉和〈style〉。

〈title〉〈/title〉标记定义文档的标题，它是 head 部分中唯一必需的元素，它的作用是使浏览器将标题显示在浏览器窗口的标题栏上。

〈body〉与〈/body〉标记定义文档的主体，包含文档的所有内容，比如文本、超链接、图像和表单等。〈body〉标记中常用的可选属性如表 6 - 1 所示。

表 6 - 1　〈body〉标记常用属性

属性	作用	语法	实例
text	设定 HTML 文档的文本颜色	〈body text="*value*"〉	〈body text="*red*"〉或〈body text="＃*ff*0000"〉
bgcolor	设定文档的背景颜色	〈body bgcolor="*value*"〉	〈body bgcolor="*yellow*"〉或〈body bgcolor="＃*ffff*00"〉
background	为文档设定一幅背景图像	〈body background="*value*"〉	〈body background="*img.jpg*"〉〈body background=*http://www.li.com/img.gif*〉
Link、alink 和 vlink	分别设定未访问链接、被点击文字、已被访问链接颜色	〈body link="*value*" alink="*value*" vlink="*value*"〉	〈body link="*red*" alink="*blue*" vlink="*green*"〉

【知识拓展】

HTML 的颜色定义方法主要有两种：

（1）命名方式，如 red。该方法包含的色种不多，较少采用。

（2）十六进制值方式，如＃FF0000 表示 red。它的原理是：颜色是由“红”、“绿”和“蓝”三原色组合而成。在 HTML 中，对于彩度的定义采用十六进制，对于三原色分别给予两个十六进制位去定义，也就是每个原色有 256 种彩度，故此三原色可混合成一千六百多万个颜色。

任务 6 - 2 - 2　格式标记

【任务描述】

使用记事本以文本方式编辑 HTML 文档，应用格式标记定义页面文档格式。

【课堂案例 6－2】

创建一个 HTML 页面文档 6－2. html，应用格式标记〈center〉、〈p〉、〈br〉、〈hr〉实现如图 6－4 所示效果。

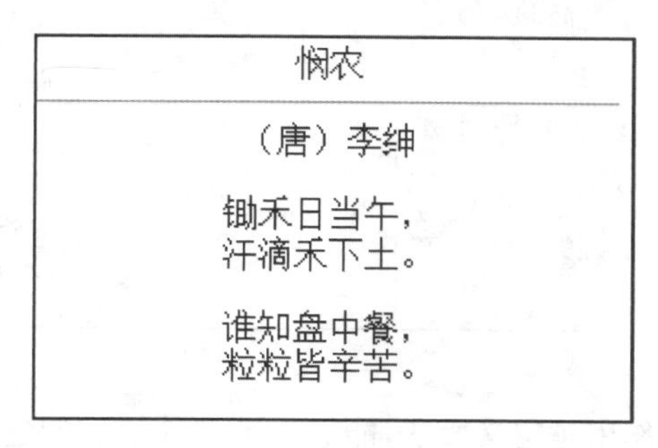

图 6－4
格式标记案例

【任务实施】

第 1 步，在记事本中新建一个文档，文档命名为 6－2. html。

第 2 步，在文档中进行代码编辑如图 6－5 所示。

```
<html>
 <head>
  <title>格式标记案例</title>
 </head>

 <body>
  <center>
   悯农
   <hr>
   (唐）李绅
   <p>锄禾日当午，
     <br>
     汗滴禾下土。</p>
   <p>谁知盘中餐，
     <br>
     粒粒皆辛苦。</p>
  </center>
 </body>
</html>
```

图 6－5
格式标记案例代码

【任务讲解】

〈center〉与〈/center〉标记的作用是对其所包括的内容进行水平居中排版。

〈hr〉标记的作用是在页面中创建一条水平线，它是个单标记，即没有结束标记。〈hr〉标记中常用可选属性如表 6－2 所示。

表 6-2 〈hr〉标记常用属性

属性	作用	语法	实例
width	设定水平线的宽度，以像素计或百分比计。	〈hr width="pixels"或"%"〉	〈hr width="*66*"〉 〈hr width="*80%*"〉
size	设定水平线的高度，以像素计	〈hr size="pixels"〉	〈hr size="*3*"〉
align	设定水平线的水平对齐方式。 注意：当 width 属性设置为小于 100%时，该属性设置有效	〈hr align="value"〉	〈hr align="*left*"〉左对齐 〈hr align="*rihgt*"〉右对齐 〈hr align="*center*"〉居中

注：pixels：像素数。

〈p〉〈/p〉标记的作用是定义段落，能够自动在其前后创建一行空行。该标记中常用可选属性如表 6-3 所示。

表 6-3 〈p〉标记常用属性

属性	作用	语法	实例
align	设定段落中文本的对齐方式。	〈p align="*value*"〉段落〈/p〉	〈p align="*left*"〉段落〈/p〉对"段落"实现左对齐效果 〈p align="*right*"〉段落〈/p〉对"段落"实现右对齐效果 〈p align="*center*"〉段落〈/p〉对"段落"实现居中效果 〈p align="*justify*"〉段落〈/p〉对段落实现两端对齐效果。

〈br〉标记是空标记，其作用是插入一个简单的换行符。

〈br〉与〈p〉的区别在于：〈br〉只是简单地开始新的一行，而〈p〉标记是开始一个新的自然段，在相邻的段落之间插入一空行。

任务 6-2-3 文本标记

【任务描述】

使用记事本以文本方式编辑 HTML 文档，应用格式标记定义页面文字格式。

【课堂案例 6-3】

创建一个 HTML 页面文档 6-3. html，应用格式标记〈hn〉(n=1\2\3\4\5\6)、〈font〉实现如图 6-6 所示效果。

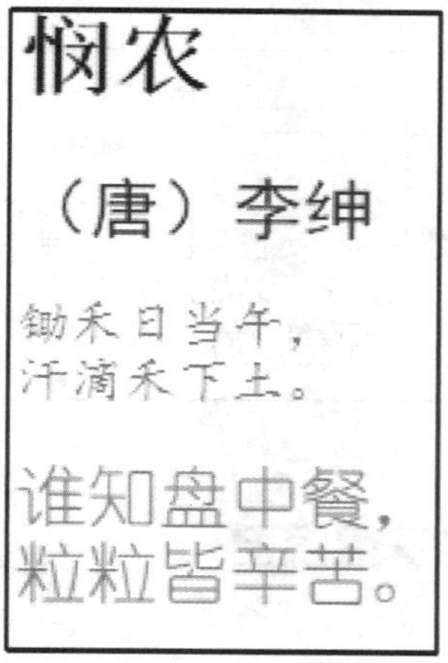

悯农

（唐）李绅

锄禾日当午，
汗滴禾下土。

谁知盘中餐，
粒粒皆辛苦。

图 6 - 6
文本标记案例

【任务实施】

第 1 步，在记事本中新建一个文档，文档名称保存为 6 - 3. html。

第 2 步，在文档中进行代码编辑，如图 6 - 7 所示。

```
<html>
 <head>
  <title>文本标记案例</title>
 </head>

 <body>
  <h1>悯农</h1>
  <font color="blue" size="5" face="黑体">（唐）李绅</font>
   <p><font color="red" size="4" face="楷体">
         锄禾日当午，
         <br>
         汗滴禾下土。</font></p>
   <p><font color="green" size="+2" face="幼圆">
         谁知盘中餐，
         <br>
         粒粒皆辛苦。</font></p>
 </body>
</html>
```

图 6 - 7
文本标记案例代码

【任务讲解】

〈hn〉与〈/hn〉标记的作用是定义标题字体。〈h1〉定义最大的标题字体，〈h6〉定义最小的标题字体。

〈font〉〈/font〉标记的作用是定文本的字体、大小和颜色。该标记中常用可选属性如表 6 - 4 所示。

表 6 - 4 〈font〉标记常用属性

属性	作用	语法	实例
color	设定 font 标记中文本的颜色	〈font color＝"*value*"〉文字〈/font〉	〈font color＝"*red*"〉文字〈/font〉
face	设定 font 标记中文本的字体	〈font face＝"*value*"〉文字〈/font〉	〈font face＝"*隶书*"〉文字〈/font〉

（续表）

属性	作用	语法	实例
size	设定 font 标记中文本的字号	〈font size＝"*value*"〉文字〈/font〉可能的值：从 1 到 7 的数字。浏览器默认值是 3。可设绝对值也可设相对值。	〈font size＝"5"〉文字〈/font〉或〈font size＝"＋2"〉文字〈/font〉

》任务 6－2－4　超链接标记

【任务描述】

使用记事本以文本方式编辑 HTML 文档，应用超链接标记设置超链接。

【课堂案例 6－4】

创建 HTML 页面文档 6－4. html、zby. html、gny. html，应用超链接标记实现 6－4. html 到 zby. html、gny. html 的链接。效果如图 6－8 所示。

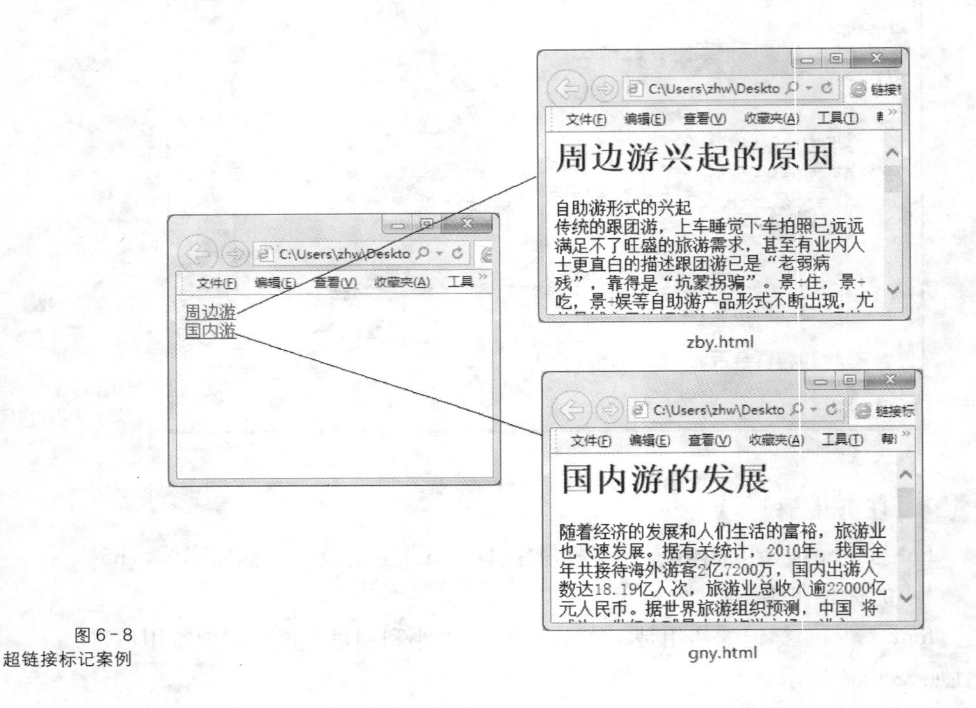

图 6－8
超链接标记案例

【任务实施】

第 1 步，在记事本中新建一个文档，文档名称保存为 6－4. html。

第 2 步，在文档中进行代码编辑。见图 6－9。

第 3 步，编辑 zby. html、gny. html，主要是在文档中显示文字。（这一步不是本任务的要点，省略代码）

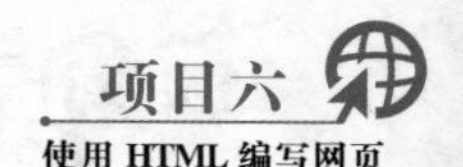

```
<html>
 <head>
  <title>链接标记案例</title>
 </head>

 <body>
  <a href="zby.html">周边游</a>
   <br>
  <a href="gny.html" target="_blank">国内游</a>
 </body>

</html>
```

图 6-9
超链接标记案例代码

【任务讲解】

在第 2 步中〈a〉与〈/a〉标记的作用是定义链接，实现从一个页面链接到另一个页面，该案例的链接引子是文字（“周边游”和“国内游”）。链接的默认外观是：(1)未被访问的链接带有下划线而且下划线和链接文字是蓝色的；(2)已被访问的链接带有下划线而且下划线和链接文字是紫色的。该标记中常用可选属性如表 6-5 所示。

表 6-5 〈a〉标记常用属性

属性	作用	语法	实例
href	用于指定超链接目标的 URL。可以是任何有效文档的相对或绝对 URL	〈a href="*value*"〉链接〈/a〉	href = "*http://www.ly.com/index.html*" href="*index.html*" href="#*top*"(指向页面中的锚)
target	设定在何处打开链接文档	〈a href = "*value*" target = "*value*"〉链接〈/a〉	target="*_blank*"(在新窗口中打开被链接文档。) target="*_self*"(默认。在相同的框架中打开被链接文档。) target="*_parent*"(在父框架中打开被链接文档。) target="*_top*"(在整个窗口中打开被链接文档。) target="*framename*"(在指定的框架中打开被链接文档。)
name	用于指定锚的名称，可以创建当前页面内的书签	〈a href="#*value*"〉链接〈/a〉 〈a name = "*value*"〉锚点〈/a〉	〈a href="#*beijing*"〉北京〈/a〉(该链接指向本文档下方名称是 beijing 的锚点) 〈a name="*beijing*"〉北京〈/a〉

【知识拓展】

对于链接也可以使用图像作链接引子，其语法格式为：

〈a href="zby.html"〉
〈img src="zby.gif" /〉
〈/a〉

任务 6-2-5　多媒体标记

【任务描述】

使用记事本以文本方式编辑 HTML 文档，完成图片及视频插入任务。

【课堂案例 6-5】

创建 HTML 页面文档 6-5. html，应用〈img〉标记在当前页面插入图片，应用〈embed〉标记在当前页面插入视频。效果如图 6-10 所示。

图 6-10
图像标记案例

【任务实施】

第 1 步，在记事本中新建一个文档，文档名称保存为 6-5. html

第 2 步，在文档中进行代码编辑。如图 6-11 所示。

```
<html>
 <head>
  <title>多媒体标记案例</title>
 </head>

 <body>
<img src="greatw.jpg" width="200" height="200" border="2" align="top" alt="长城">
国内游-长城
   <br><br>
   长城日出宣传视频
   <embed src="greatw.swf" width="300" height="300" autostart="false">
 </body>

</html>
```

图 6-11
图像标记案例代码

【任务讲解】

〈img〉标记的作用是向网页中嵌入一幅图像。本质上讲，〈img〉标记并不会在网页中嵌入图像，而是从网页上链接图像。〈img〉标记有两个必需的属性：src 属性和 alt 属性。该标记中常用可选属性如表 6－6 所示。

表 6－6 〈img〉标记常用属性

属性	作用	语法	实例
src	设定显示图像的 URL。即引用该图像的文件的绝对路径或相对路径	〈img src＝"*url*" alt＝"*value*"〉	〈img src＝"*http://www.ly.com/image/greatw.jpg*" alt＝"长城"〉 〈img src＝"image/greatw.jpg" alt＝"长城"〉
alt	设定图像的替代文本，用于在图像无法显示或者用户禁用图像显示时，代替图像显示在浏览器中的内容		
border	定义图像周围的边框	〈img src＝"*url*" border＝"*value*"〉	〈img src＝"*greatw.jpg*" alt＝"长城" border＝"2"〉
width heigh	定义图像的宽度 定义图像的高度	〈img src＝"*url*" width＝"*wvalue*" heigh＝"*hvalue*"〉	〈img src＝"*greatw.jpg*" alt＝"长城" weigh＝"200" heigh＝"200"〉
align	规定如何根据周围的文本来排列图像	〈img src＝"*url*" align＝"*value*"〉	align＝"*top*" 文本与图像顶端对齐 align＝"*bottom*" 文本与图像底端对齐 align＝"*middle*" 文本与图像中间对齐 align＝"*left*" align＝"*right*"

〈embed〉标记的作用是在当前页面插入一段声音或视频。常用属性：

(1) src：声音或视频的 URL。

(2) width、heigh：播放器的宽和高。

(3) autostart：播放形式，当属性值为 true 时，是自动播放；当属性值为 false 时，是单击播放。

【知识拓展】

〈img〉标记中的 alt 属性值是一个最多可以包含 1024 个字符的字符串，其中包括空格和标点，并且必须包含在引号中。当出现下列原因用户无法查看图像，alt 属性可以为图像提供替代的信息：(1)网速太慢；(2)src 属性中的错误；(3)浏览器禁用图像。

对于在网页中嵌入声音，还可以使用〈bgsound〉标记嵌入背景声音，可以在打开网页时自动播放声音。其语法为：

〈bgsound src＝"文件 URL" loop＝"循环播放次数"〉

任务 6-2-6 表格标记

【任务描述】

使用记事本以文本方式编辑 HTML 文档，完成表格制作并能够使用表格进行页面布局。

【课堂案例 6-6】

创建 HTML 页面文档 6-6.html，应用表格标记定义如图 6-12 所示效果的规则表格。

2014 年旅游人数分布比例

年度	国内游	国外游
2014	70%	30%

图 6-12
表格标记案例 1

【任务实施】

第 1 步，在记事本中新建一个文档，文档名称保存为 6-6.html。

第 2 步，在文档中进行代码编辑，代码如图 6-13 所示。

```
<html>
 <head>
  <title>表格标记案例</title>
 </head>
 <body>
  <center>
   <table width="350" border="1" cellspacing="0" cellpadding="2" align="CENTER">
     <caption>2014年旅游人数分布比例</caption>
     <tr align="CENTER">
      <th>年度</th>
      <th>国内游</th>
      <th>国外游</th>
     </tr>
     <tr align="CENTER">
      <td>2014</td>
      <td>70%</td>
      <td>30%</td>
     </tr>
    </table>
  </center>
 </body>
</html>
```

图 6-13
表格标记案例 1 代码

【任务讲解】

表格标记的作用是定义 HTML 表格。简单的 HTML 表格由〈table〉〈/table〉标记以及一个或多个〈tr〉〈/tr〉、〈th〉〈/th〉或〈td〉〈/td〉标记组成。〈tr〉〈/tr〉标记定义表格行，〈th〉〈/th〉标记定义表头，〈td〉〈/td〉标记定义表格单元。表格标记中常用可选属性如表 6-7 所示。

表 6－7　表格标记常用属性

属性	作用	语法	实例
align	定义表格相对周围元素的对齐方式或表格行或单元格内容的水平对齐方式	〈table align="*value*"〉 〈tr align="*value*"〉 〈td align="*value*"〉	left:左对齐表格或内容(默认值)。 right:右对齐表格或内容。 center:居中对齐表格或内容(th元素的默认值)。 justify:对行进行伸展,这样每行都可以有相等的长度。
valign	设定表格行或单元格中内容的垂直对齐方式	〈tr valign="*value*"〉 〈td valign="*value*"〉	top:对内容进行上对齐。 middle:对内容进行居中对齐(默认值)。 bottom:对内容进行下对齐。 baseline:与基线对齐。
bgcolor	设定表格或表格行或单元格的背景颜色。	〈table bgcolor="*value*"〉 〈tr bgcolor ="*value*"〉 〈td bgcolor ="*value*"〉	〈table bgcolor="*red*"〉 〈tr bgcolor ="*red* "〉 〈td bgcolor ="*red* "〉
border	设定表格边框的宽度。	〈table border="*value*"〉	〈table border="*2*"〉
cellpadding cellspacing	设定单元边沿与其内容之间的空白。 设定单元格之间的空白。	〈table cellpadding="*value*" cellspacing="*value*"〉	〈 table cellpadding = " *0* " cellspacing="*2*"〉
width	设定表格或单元格的宽度	〈table width="*value*"〉 〈td width="*value*"〉	〈table width="300"〉 〈td width="*150*"〉

【课堂案例 6－7】

创建 HTML 页面文档 6－7. html,应用表格标记进行布局,并在其中显示不规则表格和规则表格。效果如图 6－14 所示。

第一行第一单元格	第一行的第二单元格及第三单元格	
第二行及第三行的第一单元格	第二行第二单元格	第二行第三单元格
	第三行第二单元格	第三行第三单元格

2014年旅游人数分布比例

年度	国内游	国外游
2014	70%	30%

图 6－14
表格标记案例 2

【任务实施】

第 1 步,在记事本中新建一个文档,文档名称保存为 6－7. html。

第 2 步，在文档中进行代码编辑，代码如图 6－15 所示。

```
<html>
 <head>
  <title>表格标记案例</title>
 </head>
 <body>
 <table align="center" border="2" bordercolor="red" cellpadding="20">
   <tr>
    <td>
     <table width="550" align="center" border="1">
      <tr>
       <td>第一行第一单元格</td>
       <td colspan="2">第一行的第二单元格及第三单元格</td>
      </tr>
      <tr>
       <td rowspan="2">第二行及第三行的第一单元格</td>
       <td>第二行第二单元格</td>
       <td>第二行第三单元格</td>
      </tr>
      <tr>
       <td>第三行第二单元格</td>
       <td>第三行第三单元格</td>
      </tr>
     </table>
    </td>
   </tr>
   <tr>
    <td>
     <table width="350" border="1" align="center">
      <caption>2014年旅游人数分布比例</caption>
      <tr align="CENTER">
       <th>年度</th>
       <th>国内游</th>
       <th>国外有</th>
      </tr>
      <tr align="CENTER">
       <td>2014</td>
       <td>70%</td>
       <td>30%</td>
      </tr>
     </table>
    </td>
   </tr>
  </table>
 </body>
</html>
```


图 6－15
表格标记案例 2 代码

【任务讲解】

表格除了可以显示信息外，还可以实现页面布局。在本案例中，首先定义了一个两行一列的表格进行布局（见图 6－14），在第一行第一个单元格里嵌套不规则表格；在第二行第一个单元格里嵌套规则表格。

当要定义不规则表格时，需要使用到〈td〉标记中的 rowspan 属性和 colspan 属性。rowspan 属性设定单元格纵向合并的行数；colspan 属性设定单元格横跨的列数。应用这两个属性可以定义不规则表格。

任务 6－2－7 表单标记

【任务描述】

使用记事本以文本方式编辑 HTML 文档，制作交互表单。

【课堂案例 6－8】

创建 HTML 页面文档 6－8. html，应用表单标记实现如图 6－16 所示效果。

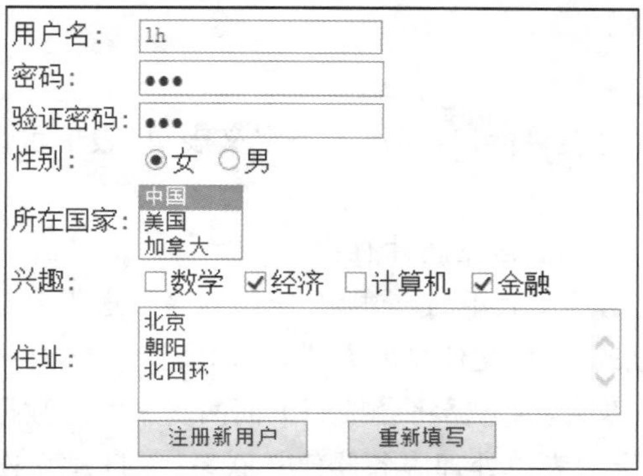

用户名：lh
密码：•••
验证密码：•••
性别：◉女 ○男
所在国家：中国 美国 加拿大
兴趣：☐数学 ☑经济 ☐计算机 ☑金融
住址：北京 朝阳 北四环
注册新用户 重新填写

图 6 - 16
表单标记案例

【任务实施】

第 1 步，在记事本中新建一个文档，文档名称保存为 6 - 8. html。

第 2 步，在文档中进行代码编辑，代码如图 6 - 17 所示。

```
<html>
 <head>
  <title>表单标记案例</title>
 </head>
 <body>
  <form name="registerform" action="register.asp" method="post">
   <table>
    <tr>
      <td width="15%">用户名:</td>
      <td><input name="userid" type="text" size="20"></td>
    </tr>
    <tr>
      <td>密码:</td>
      <td><input name="password" type="password" size="20"></td>
    </tr>
    <tr>
      <td>验证密码:</td>
      <td><input name="password2" type="password" size="20"></td>
    </tr>
    <tr>
      <td>性别:</td>
      <td><input type="radio" name="gender" value="女">女
          <input type="radio" name="gender" value="男" checked>男
      </td>
    </tr>
    <tr>
      <td>所在国家:</td>
      <td><select name="where" size="3">
            <option value="cn" selected>中国</option>
            <option value="us">美国</option>
            <option value="ca">加拿大</option>
          </select>
      </td>
    </tr>
    <tr>
      <td>兴趣:</td>
      <td><input type="checkbox" name="idol01" value="Math">数学
          <input type="checkbox" name="idol02" value="Economics">经济
          <input type="checkbox" name="idol03" value="Computer">计算机
          <input type="checkbox" name="idol04" value="Finance" checked>金融
      </td>
    </tr>
    <tr>
      <td>住址:</td>
      <td><textarea name="address" cols="40" rows="4"></textarea></td>
    </tr>
    <tr>
      <td><div align="right"> </div></td>
      <td><div align="left">
        <input type="submit" value=" 注册新用户 ">
          
        <input type="reset" value=" 重新填写 ">
         </div></td>
     </tr>
    </table>
   </form>
  </body>
</html>
```

图 6 - 17
表单标记案例代码

【任务讲解】

● 〈form〉标记

〈form〉〈/form〉是表单标记，其作用是定义表单，表单可以接收用户输入的内容。

〈form〉〈/form〉标记的常用属性有：

1. action：设定当提交表单时，向哪个应用程序发送表单数据。

2. method：用来定义提交信息的方式，可选值为 post 或 get。

如果采用 post 方法，浏览器将会按照下面两步来发送数据。首先，浏览器将与 action 属性中指定的表单处理服务器建立联系，一旦建立连接之后，浏览器就会按分段传输的方法将数据发送给服务器。

如果采用 get 方法，这时浏览器会与表单处理服务器建立连接，然后直接在一个传输步骤中发送所有的表单数据：浏览器会将数据直接附在表单的 action URL 之后。

● 〈input〉标记

〈input〉标记是表单标记的一个对象，用于定义不同种类的输入域，根据属性 type 取值不同而不同。常用的 type 取值有以下几种：

1. text-单行文本框输入域

语法格式：

〈input type="text" name="userid" size="20" maxlength="10" value="请输入用户名"〉

常用的属性意义及举例如下：

(1) type="text" 例：输入方式为单行文本。

(2) name="userid"例：单文本框名称为 userid。

(3) size="20"例：文本框显示的长度为 20。

(4) maxlength="10"例：可输入字符的上限为 10。

(5) value="请输入用户名"例：设置文本框默认初始值显示为："请输入用户名"。

2. password-密码框输入域

语法格式：

〈input type="password" name="pw" size="20" maxlength="10"〉

密码框输入域标记中，除了 type 属性值，其他属性值的意义和单行文本框输入域的意义完全相同。而页面运行时 password 密码框所接收的字符全以 * 号显示。

3. radio-单选按钮输入域

语法格式：

〈input type="radio" name="gender" value="男" checked〉

常用的属性意义及举例如下：

(1) type="radio"例：输入方式为单项选择按钮。

(2) name="gender"例：一个单选按钮选项命名为 gender。注意：在一组单选按钮组中，所有选项的 name 属性值必须一致，否则单项选择效果失效。比如，性别单选按钮组包括两个选项:“男”和“女”。这两个选项的 name 属性值必须一致,本例定义为“gender”。

(3) value="男"例:定义与用户选择相关联的值为“男”。或者说用户选择该项后,实际上传的值为字符串“男”。

(4) checked:定义默认选择项。

4. checkbox -多选按钮输入域

语法格式:

〈input type="checkbox" name="idol" value="金融" checked〉

常用的属性意义及举例如下:

(1) type="checkbox"例:输入方式为多项选择。

(2) name="idol"例:一个多选按钮选项命名为 idol。注意:在一组多选按钮组中,所有选项的 name 属性值可以一致,也可以不一致。

(3) value="金融"例:定义与用户选择相关联的值或说实际上传值为字符串“金融”。

(4) checked:定义默认选择项。每个 checkbox 都是独立的,所以每一个都可使用这个属性。

5. submit -提交按钮;reset -清除按钮;button -普通按钮

〈input type="submit" value="提交"〉

〈input type="reset" value="清除"〉

〈input type="button" value="确定"〉

〈input type="image" src="img1. gif"〉

(1) type="submit":定义提交按钮。提交按钮会把表单数据发送到服务器。

type="reset":定义重置按钮。重置按钮会清除表单中的所有数据。

type="button":定义可点击按钮(多数情况下,用于通过 JavaScript 启动脚本)。

type="image":定义图像形式的提交按钮。

(2) value="确定":显示在按钮上的文字。

(3) src="img1. gif"例:设定图像形式按钮中,按键图片来源为图像文件 imgl. gif。

6. file -文件上传输入域

语法格式:

〈input type="file" name="upload" size="20" accept="text/html"〉

常用的属性意义及举例如下:

(1) type="file":输入方式为上传文件,通常用以传输文件。运行时页面表单中会出现“浏览…”按钮。

(2) name="upload":文件上传输入域名称为 upload。

(3) size="20":上传框显示的长度为 20。

(4) accept="text/html":所接受的文件类别,可不设定。

7. hidden -隐藏输入域

语法格式:

〈input type="hidden" name="country" value="China"〉

该输入域的作用是定义隐藏字段。隐藏字段对于用户是不可见的。隐藏字段通常会存储一个默认值，它们的值也可以由JavaScript进行修改。当表单提交时，隐藏字段的值会随之提交，而用户感觉不到。

● 〈select〉标记

〈select〉是下拉列表框标记，列表中的每一选项由〈option〉标记定义。

语法格式：

〈select name="where" size="6" multiple〉

〈select〉标记的常用属意义及举例如下：

（1）name="where"例：定义下拉列表框的名称。

（2）size="6"例：定义卷动选单的项数为“6”，即其高度。

（3）multiple：表示允许多重选择。

〈option〉语法格式：

〈option value="中国" selected〉

〈option〉标记的常用属性有：

（1）value="中国"例：定义与用户选择相关联的值既选中该项的上传值为字符串“中国”。

（2）selected：带有此项的选项为默认选中。

● 〈textarea〉标记

〈textarea〉是多行文本框标记，常在需要输入大量资料时使用。语法格式如下：

〈textarea name="comments" cols="40" rows="4" wrap="virtual"〉

常用属性意义及举例如下：

（1）name="comments"例：定义多文本框名称为“comments”。

（2）cols="40"例：定义多文本框宽度为40例。

（3）rows="4"例：定义多文本框高度为4行。

（4）wrap="virtual"：设定其折行形式，可选值为：off，physical，virtual。off表示不使用此属性；physical会强制浏览器在送资料到Web服务器端时必须将文字中的换行一并送出；virtual会送出连续成串的文本。

综合训练：《北京旅游网站》某页面制作

在记事本中应用HTML标记创建如图6－18所示页面。

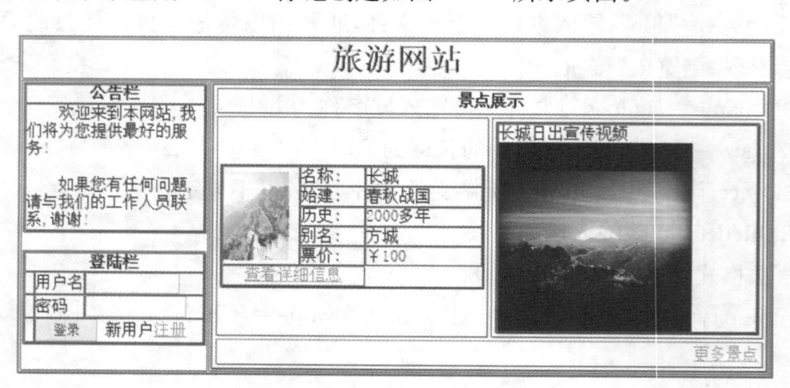

图6－18
综合练习页面

要求：

1. 应用表格进行布局。

2. 将图示文本、图片和视频放入如图 6－18 所示位置。文字“旅游网站”格式为标题 1，其他文字格式为默认设置。

3. 图中所有链接的链接文件请自行定义。

4. 登录栏用表单标记定义。

【项目小结】

1. HTML 是编辑网站页面的基础语言。为了更好地完成网站开发，需要开发者对 HTML 语言进行系统和完整的掌握。

2. 在应用 HTML 语言前，需要先掌握 HTML 文档的基本结构和基本语法。

3. HTML 常用标记包括：基本标记、格式标记、文本标记、超链接标记、多媒体标记、表格标记和表单标记等。

4. 表格标记除了可以显示信息还可以进行页面布局。

5. 表单标记可以在页面上定义提供用户进行输入的区域，包含了多种类型的输入域。

【思考题】

1. 什么是 HTML，每个字母的含义是什么？

2. HTML 文档的基本结构是什么？

3. 〈body〉标记常用属性有哪些？

4. 表格标记组成是什么，其功能有哪些？

5. 如何使用多媒体标记嵌入声音？

6. 实际操作：根据本章所讲内容使用 HTML 语言设计、创建一个图书网站主页。

项目七

07

利用 CSS 样式修饰页面

【项目导读】

- 了解 CSS 的作用
- 理解 CSS 样式的语法结构
- 掌握 CSS 样式表的种类
- 掌握 CSS 选择器种类
- 掌握创建各种 CSS 样式选择器以及设置样式属性的方法
- 掌握各种 CSS 样式的应用方法
- 掌握外部样式表的创建和使用方法
- 掌握两种特殊 CSS 样式的创建

【项目重点】

- 掌握 CSS 样式选择器的种类
- 掌握各种 CSS 选择器的创建方法，以及规则属性的设置
- 掌握各种 CSS 样式的应用方法
- 掌握外部样式表文件的创建和使用

【项目难点】

- CSS 样式选择器的种类以及特点
- 各种 CSS 样式的应用方法

【关键词】

CSS 样式表、CSS 规则、CSS 样式面板、CSS 样式选择器、外部样式表文件

【任务背景】

李晓明在制作页面时,发现 CSS 样式表是一个功能强大,利用好能够对网页排版有事半功倍效果的工具。如果想精确地控制好排版对象,最好了解 CSS 代码。利用可视化方法制作基本 CSS 样式表,再修改生成 CSS 代码,可高效地获得复杂的专业化的排版页面。于是,晓明决定进一步深入地学习 CSS 的语法和应用方法。

任务 7-1　认识 CSS

CSS(Cascading Style Sheet),即层叠样式表,是一组格式设置规则,用于控制 Web 页内容的外观。CSS 样式主要用于对网页的布局、字体、颜色、背景和其他效果进行精确地控制,从而对网页的外观进行修饰。层叠样式表的功能非常强大,可以将其定义在 HTML 的标签里,也可以存放在一个独立的 CSS 格式文件中。

使用 CSS 样式可以非常灵活地控制页面元素。不仅可以定义网页上的文字、表格、层、超级链接及其他元素的外观,还可以确保在多个浏览器中更加一致地显示页面布局和外观。CSS 样式可以将网页内容结构和格式控制相分离,使得网页只由内容构成,而网页的格式控制由某个 CSS 样式表文件完成。这样做的好处是简化了网页的格式代码,加快了网页下载显示的速度,同时只需更新 CSS 样式表就可以改变整个站点的显示风格。

【任务目标】

- 了解 CSS 样式的语法
- 掌握 CSS 样式的种类

【知识准备】

CSS 样式有自己独特的语法结构,主要由样式选择器、属性和值三部分组成。以下是对 body 设置的样式:

```
body {
    font-family: "宋体";
    font-size: 16pt;
    color: #0000FF;
}
```

在这个 CSS 样式中,body 为样式选择器,属性和值为规则。样式选择器之后是“{}”。样式的各项规则放置在“{}”里。属性与值之间用冒号(:)隔开,属性与属性之间用分号(;)隔开。

CSS 样式可以定义在外部 CSS 样式表文件中,也可以定义在网页内部。把

位于网页内部的 CSS 样式，称为内部样式表。把位于网页外部的 CSS 样式，称为外部样式表。外部 CSS 样式表文件是专门保存 CSS 样式的文件，扩展名为“. css”。

》任务 7－1－1 体验内部 CSS 样式表

【任务描述】

初步体验内部 CSS 样式表。

【课堂案例 7－1】

为网页设置文字字体和文字颜色 CSS 样式。

【任务实施】

第 1 步，新建一个普通的 HTML 文件，在页面上输入一段文字。如图 7－1 所示。

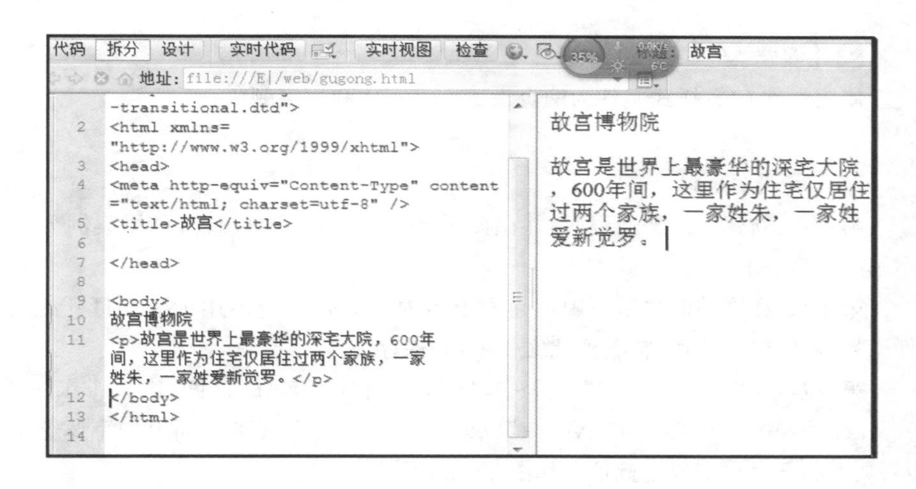

图 7－1
使用内部样式之前的页面

第 2 步，在 HTML 代码中，找到〈HEAD〉和〈/HEAD〉之间的位置，输入下面的代码：

```
〈style type="text/css"〉
body{
    font-family："宋体"；
    font-size：16pt；
    color：＃0000FF；
}
〈/style〉
```

第 3 步，可以看到页面上的字体会加大，文字的颜色也变成了蓝色。如图 7－2 所示。

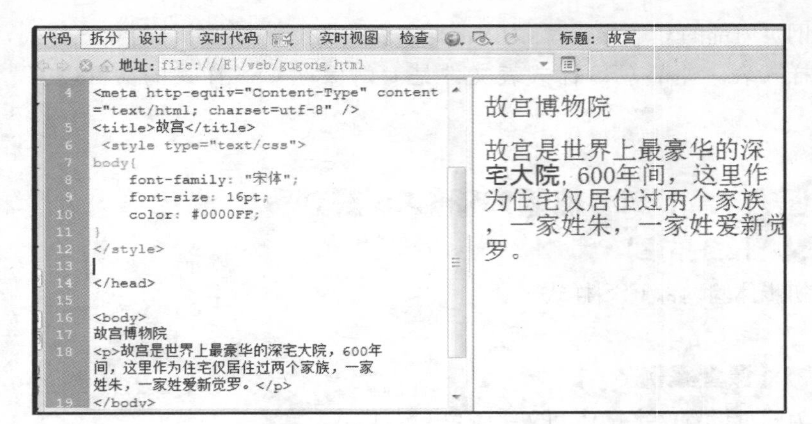

图 7-2
使用内部样式之后的页面

任务 7-1-2 体验外部 CSS 样式表

【任务描述】

初步体验外部 CSS 样式表。

【课堂案例 7-2】

使用外部 CSS 样式文件为网页设置文字字体和文字颜色。

【任务实施】

第 1 步，新建一个普通页面，并在页面上输入文字。可以直接利用案例 7-1 中第 1 步生成的文件。

第 2 步，在网站的根目录中创建一个名为 1. css 的文件，用记事本打开此文件。将 body 样式剪切、粘贴到此文件中，并保存。

第 3 步，在网页中 HTML 代码中，〈HEAD〉和〈/HEAD〉之间，输入〈link href="1. css" rel="stylesheet" type="text/css" /〉。可以看到页面上的字体会加大，文字的颜色也变成了蓝色。如图 7-3 所示。

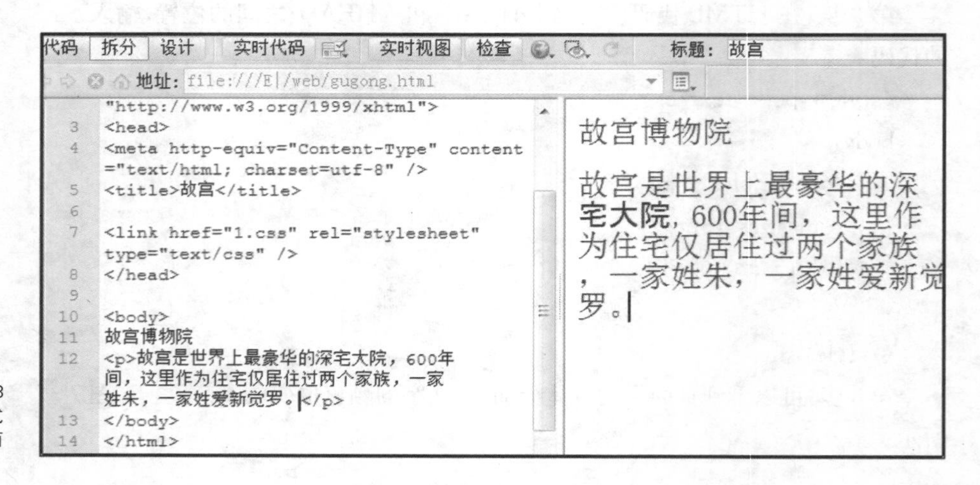

图 7-3
使用外部样式之后的页面

【知识拓展】

内部样式表和外部样式表的语法结构相同，作用范围不同。内部样式表仅供所在页面使用，而外部样式表可以被网站内的多个页面使用。可以灵活应用这两种样式，可以在不同页面使用同一的外部样式表来实现网页风格的统一，使用内部样式表来设置页面的特殊部分。另外，可以在一个页面中使用多个外部样式表。

任务 7－2 创建 CSS 样式表

【任务目标】

- 掌握 CSS 样式选择器的种类
- 掌握四种 CSS 样式选择器的创建和应用方法

【知识准备】

创建 CSS 样式表，主要是在 CSS 样式面板中进行操作。执行菜单【窗口】→【CSS 样式】命令，可以在打开的 CSS 样式面板中，如图 7－4 所示，进行样式的创建、编辑及管理等。

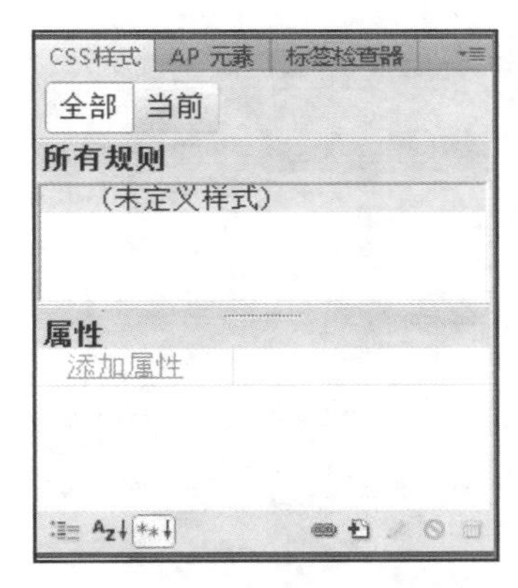

图 7－4
【CSS 样式】面板

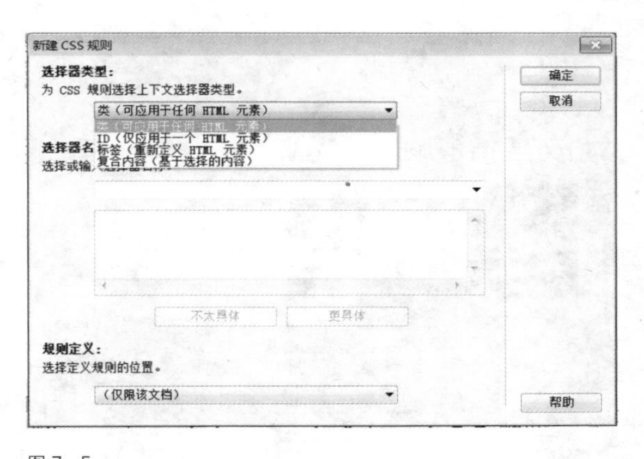

图 7－5
新建 CSS 规则对话框

在 CSS 样式面板的空白区域中右击鼠标，或单击 CSS 样式面板底部的 新建 CSS 规则工具，会弹出“新建 CSS 规则”对话框，其中“选择器类型”有四个选项，如图 7－5 所示，各项的作用如下。

① 类(可应用于任何 HTML 元素)：可以将自定义的样式应用于任何 HTML 元素。

② ID(仅应用于一个 HTML 元素)：只对某特定元素定义的独立样式。

③ 标签(重新定义 HTML 元素)：可以重新定义 HTML 标记的格式，凡是包含在此标记中的内容都会按照重新设置的格式显示。

④ 复合内容(基于选择的内容)：定义具有包含关系的元素样式，如“选择

器名称”为 body p，表示此选择器名称将规则应用于〈body〉元素中所有〈p〉元素。

任务 7－2－1 创建标签选择器样式

【任务描述】

创建标签选择器样式。

【课堂案例 7－3】

在“故宫博物院”介绍页面第一行为标题文字设置样式。

【知识准备】

标签选择器是针对 HTML 的标记重新定义格式，只能选择列表中的标记名称，无法新建名称。常用的标记有〈body〉、〈p〉、〈h1〉、〈table〉等。

【任务实施】

第 1 步：首先新建一个 HTML 文件，在页面上输入文字，插入图片。将第一行中的文字设置为标题 1，方法是选中文字，然后选择属性面板中的【格式】设置为“标题 1”。制作的页面效果如图 7－6 所示。

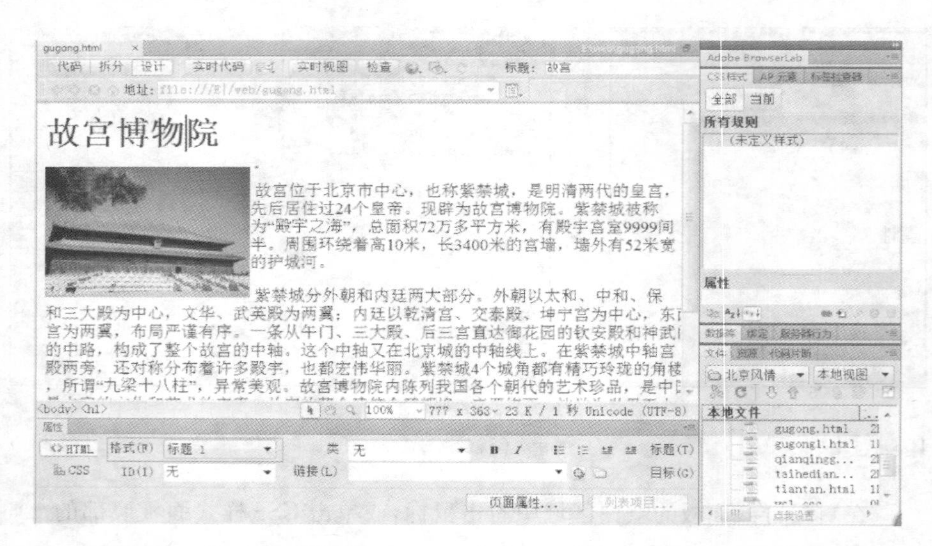

图 7－6 将第一行标题设为标题 1

第 2 步：新建 CSS 样式。单击【CSS 样式】面板底部的 ，弹出“新建 CSS 规则”对话框。将选择器类型为“标签”，然后在选择器名称中选择“h1”，如图 7－7 所示。单击“确定”按钮，弹出“h1 的 CSS 规则定义”对话框，如图 7－8 所示。

第 3 步：定义样式属性。在【CSS】规则定义对话框中提供了 8 大类别的 CSS 样式属性。“类型”选项主要对文本设置样式；“背景”选项主要设置背景样式；“区块”选项主要设置文本段落样式；“方框”选项主要设置图像大小、图像边缘空白及文字环绕效果；“列表”选项主要设置列表的样式；“定位”选项主要针对 AP

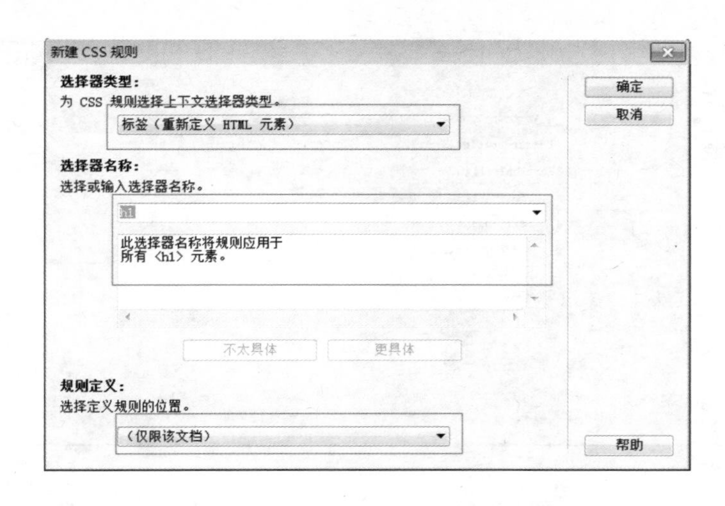

图 7-7
标签选择器的设置

Div 元素。本案例中设置文字样式、区块属性。在“类型”选项中设置文字字体为“隶书”，文字大小为 18pt，设置方法如图 7-8 所示。注意在选择字体时，中文的字体需要“编辑字体列表”，设置方法可参看图 7-9。

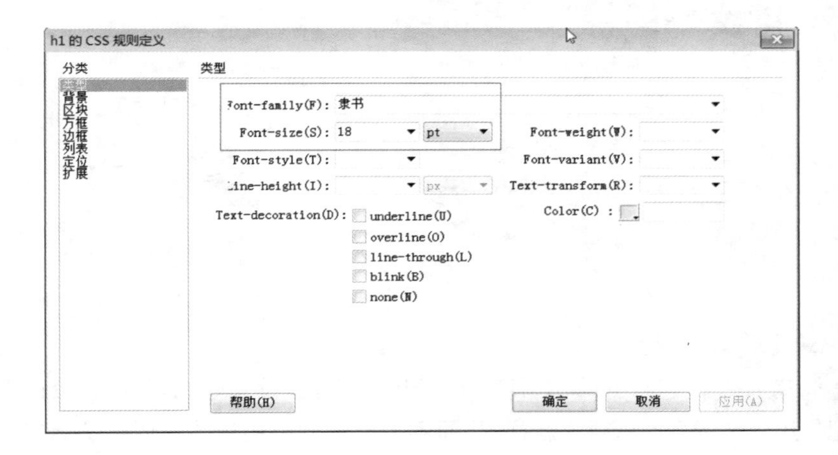

图 7-8
【CSS 规则定义】对话框

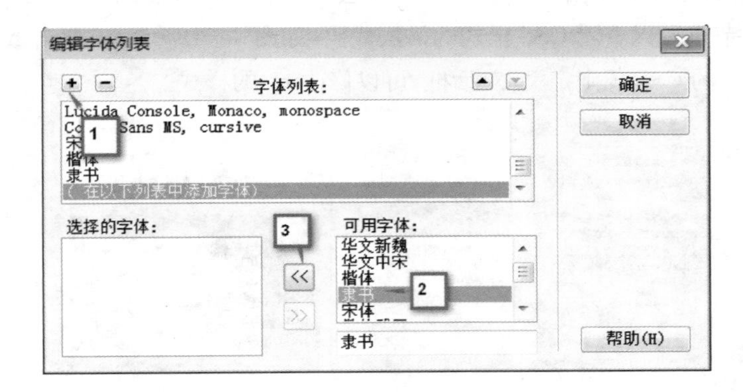

图 7-9
【编辑字体列表】对话框

在“区块”选项中设置“文字居中”，设置方法如图 7-10 所示。

第 4 步：单击“确定”按钮。可以看到第一行标题文字自动改变了。效果如图 7-11。CSS 样式面板“所有规则”区域增加了〈style〉节点以及 h1 子节点。

图 7 - 10
"区块"各属性设置

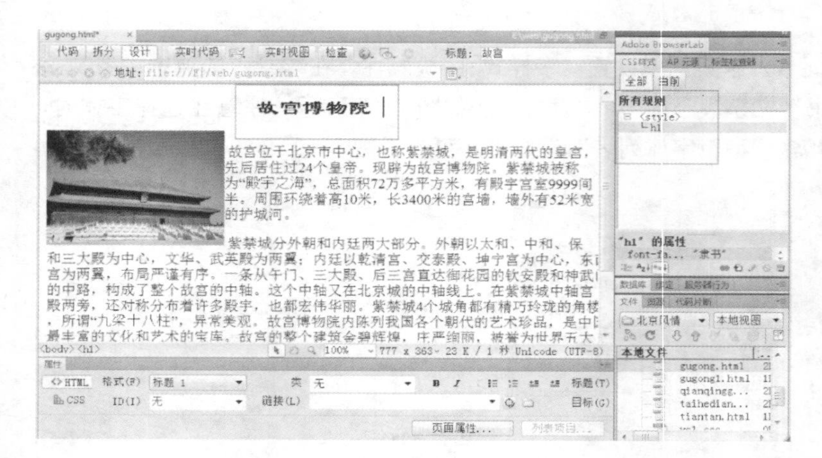

图 7 - 11
创建 h1 样式后的页面效果

【知识拓展】

标签选择器类型的样式只针对 HTML 的标记，设置好规则以后，页面上该标记作用的区域自动更新为新样式，而不需要手动应用样式。创建了标签样式以后，在 CSS 样式面板中"所有规则"区域会出现〈style〉节点以及 h1 子节点。双击〈style〉节点可以查看 CSS 样式的语法代码，如图 7 - 12 所示。双击 h1 节点可以打开"h1 的 CSS 规则定义"对话框，可以修改 h1 的样式。

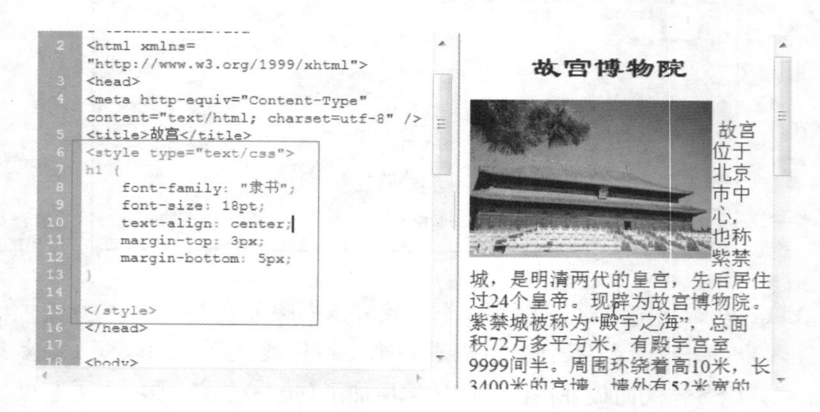

图 7 - 12
内部样式表的代码

》任务 7-2-2 创建类选择器样式

类选择器样式，可以自定义样式名称，当设置好样式后可重复应用于页面内任一元素上。

【任务描述】

学习创建和使用类选择器样式。

【课堂案例 7-4】

创建一个文字样式，并将其应用在标题文字和内容文字上。

【任务实施】

第 1 步：创建新的 CSS 样式。单击【CSS 样式】面板底部的 ，弹出“新建 CSS 规则”对话框。将选择器类型选为“类”，然后在选择器名称中输入“wz”，如图 7-13 所示。单击“确定”按钮。

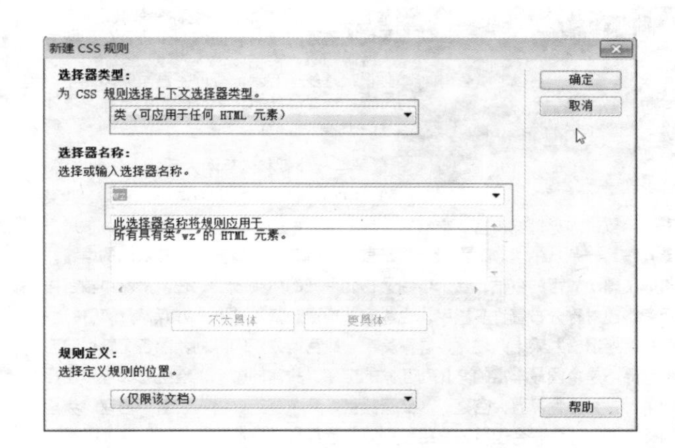

图 7-13
新建名为 wz 的类样式

第 2 步：设置样式属性。在“. wz 的 CSS 规则定义”对话框中设置文字属性。设置文字字体为“宋体”，大小为 12pt，行高为 20pt。如图 7-14 所示。在 CSS 样式面板中会出现“. wz”节点。

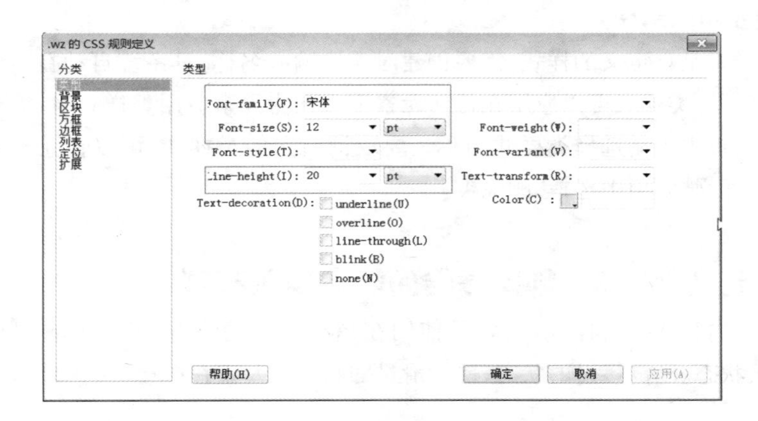

图 7-14
设置 wz 类样式

第3步，应用类样式。在网页第一段文字上单击鼠标，在属性面板中，单击 CSS 按钮，在"目标规则"选项中选择"wz"，则第一段文字的格式发生了改变。设置方法如图7-15所示。利用同样的方法，为第二段文字应用wz类样式。最终页面效果如图7-16所示。

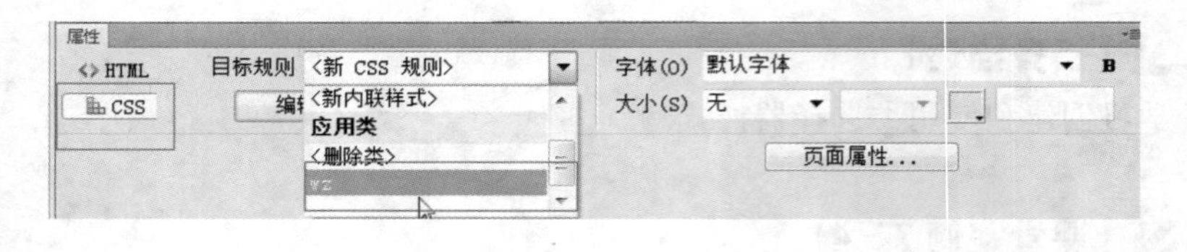

图7-15
应用wz类样式

图7-16
应用了wz类样式后的页面效果

【知识拓展】

类样式是自定义的样式，需要创建时需要输入名称，且系统自动在名称的前面加上"."。类样式可以应用在任何元素上。在为元素应用类样式时，需要在元素属性面板中手动选择类样式名称。要取消元素的类样式，可以在元素属性面板中"目标规则"项中选择"删除类"。

任务7-2-3　创建复合内容选择器样式

复合内容选择器样式，主要是使用在超级链接的设置，可以设置鼠标的效果：一般状态、已链接过的状态、鼠标滑过的状态以及正在链接中的状态。

【任务描述】

学习创建和使用复合内容选择器样式。

【课堂案例 7－5】

自定义超级链接文字的各种显示状态。

【知识准备】

超级链接有以下 4 个状态：

1）a：link，为超级链接文字的一般状态。

2）a：visited 为超级链接文字被访问过的状态。

3）a：hover 为鼠标指针移动到超级链接文字上的状态。

4）a：active 为超级链接文字正在链接中的状态。

【任务实施】

第 1 步：在页面上设置超级链接。在案例中，分别为“太和”、“保和”两殿名设置超级链接。

第 2 步：新建复合内容样式。在“新建 CSS 规则”对话框中选择“复合内容”选择器，在选择器名称项中选择“a：link”，如图 7－17 所示。单击“确定”按钮。进入“a：link 的规则定义”对话框中进行属性设置。本例中设置文字为蓝色、加粗、不带下划线，如图 7－18 所示。设置完成后，页面中的超级链接文字自动变成了新的样式。在 CSS 样式面板中〈style〉节点下增加了 a：link 节点。

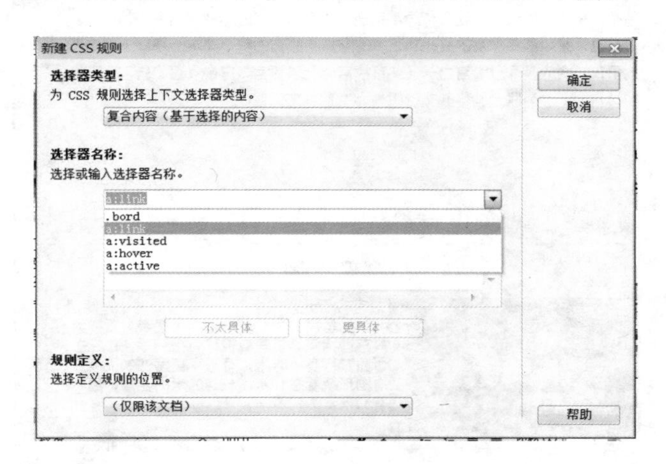

图 7－17
新建“a：link”复合内容选择器样式

第 3 步：按照第 2 步的方法依次设置 a：visited、a：hover、a：active 样式，将各样式设置为不同的状态。这里我们将 a：visited 样式设置为红色、不带下划线，将 a：hover 样式设置为绿色，带下划线，字号为 14，将 a：active 样式设置为紫色、不带下划线。注意，带下划线应勾选 Text-decoration（这个属性允许对文本设置某种效果）属性中的 underline（下划线）。

第 4 步：保存页面。按 F12 功能键在 IE 中预览页面，效果如图 7－19 所示。当鼠标滑过“太和”时，超级链接的效果如图 7－20 所示。

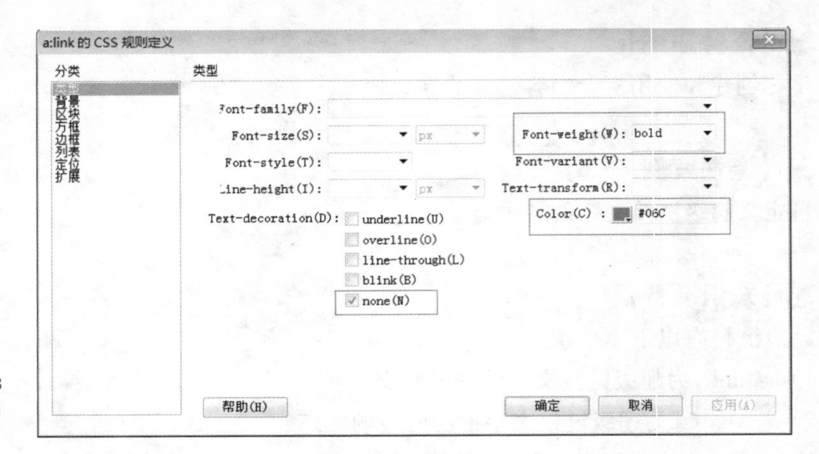

图 7 - 18
设置"a:link 的 CSS 规则定义"

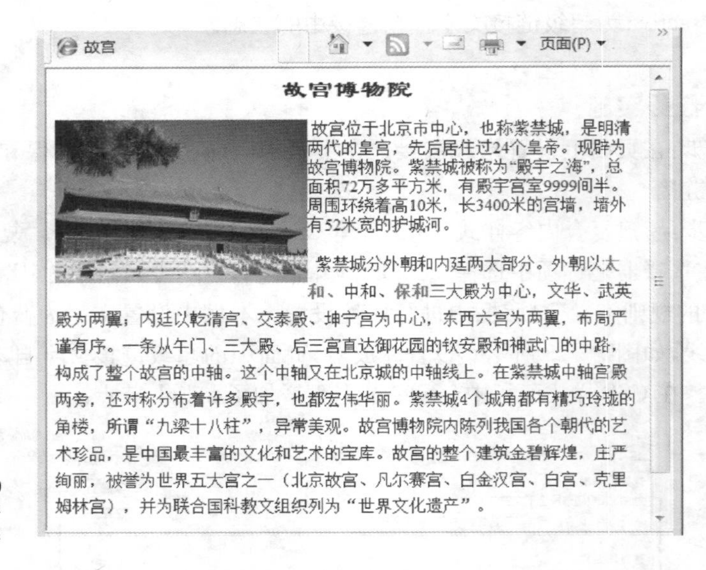

图 7 - 19
设置超级链接文字的一般状态

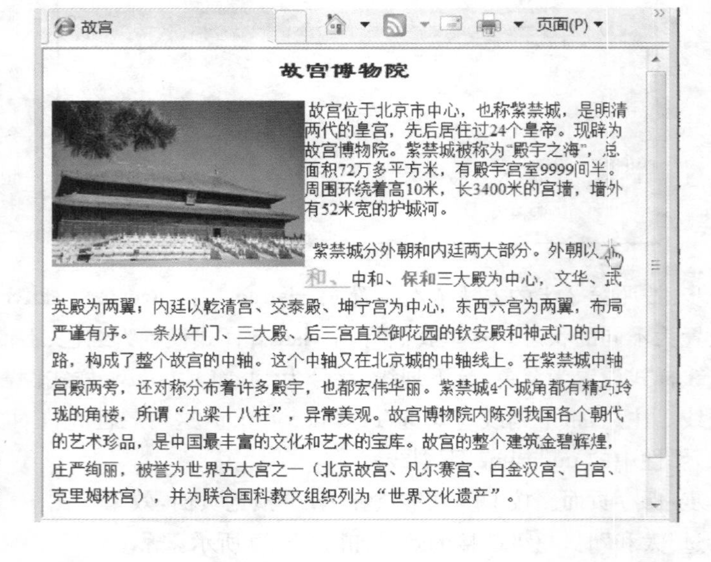

图 7 - 20
鼠标移动到超级链接文字的状态

任务 7-2-4 创建 ID 选择器样式

ID 选择器样式主要是为网页上只出现一次的元素设置 ID 值，并根据 ID 值设置该元素的样式。ID 值就像人的身份证号码一样，是独一无二的。

【任务描述】

学习创建和使用 ID 选择器样式。

【课堂案例 7-6】

给图片设置 ID 值，并为图片增加点画线边框样式。

【任务实施】

第 1 步：为网页上的图片设置 ID 值。选中网页中的图片，在属性面板 ID 项中输入“pic1”，如图 7-21 所示。

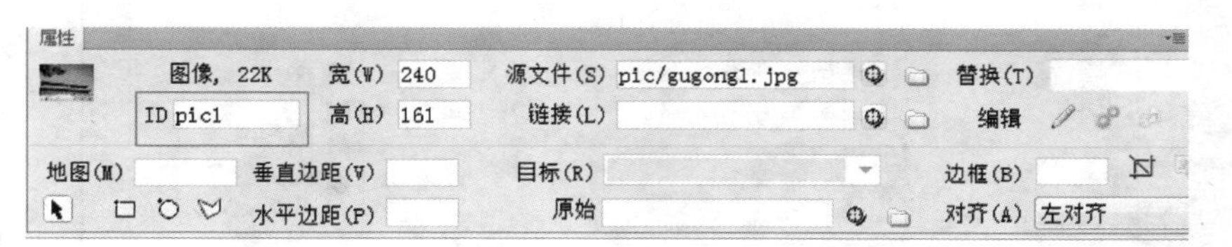

图 7-21
设置图片的 ID 值

第 2 步：创建 ID 选择器来设置图片 pic1 的样式。在 CSS 样式面板中，新建 CSS 规则。在“新建 CSS 规则”对话框中选择“ID”选择器，在选择器名称项中输入“pic1”，如图 7-22 所示。单击“确定”按钮，进入“#pic1 的 CSS 规则定义”对话框中进行属性设置。本例中设置“方框”属性中边框的 padding 各属性值为 5px，图片与文字的间距为 8px，如图 7-23 所示。设置边框 1px 宽的黑色实线，如图 7-24 所示。设置完成后，页面中的图片自动应用了新的样式。效果如图 7-25所示。在 CSS 样式面板中〈style〉节点下增加了#pic1 节点。

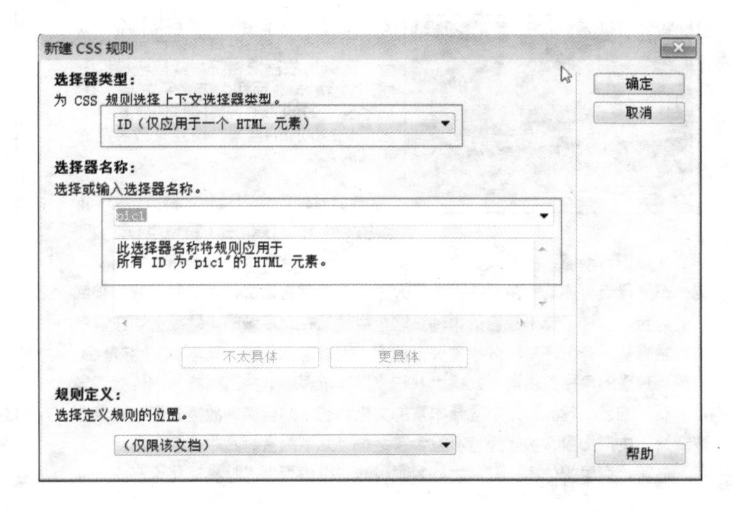

图 7-22
新建名为 pic1 的
ID 选择器样式

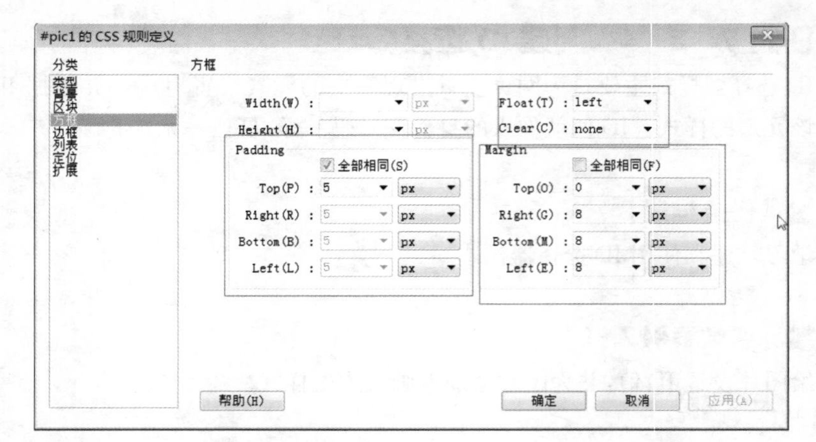

图 7 - 23
pic1 的"方框"
规则设置

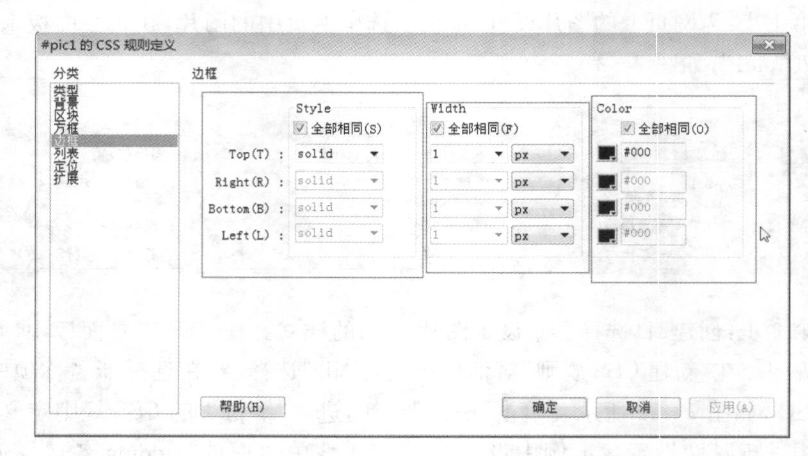

图 7 - 24
pic1 的"边框"规则设置

图 7 - 25
应用 ID 选择器样式后
的图片效果

【知识拓展】

ID 选择器样式只能针对网页上具有此 ID 值的某一元素，系统会自动在 ID 的前面加上“#”作为此类样式的名称。四种类型的选择器样式都可以在 CSS 样式面板中进行编辑和删除操作。双击样式名称可以进入规则定义对话框进行样式的编辑。右击样式名称在弹出菜单中选择“删除”即可以删除该样式。

任务 7－3　创建和应用外部 CSS 样式表

创建外部 CSS 样式表，可以在“新建 CSS 规则”时，选择将新建的样式放在专门的外部 CSS 文件中。

任务 7－3－1　创建外部样式表

【任务描述】

学习创建外部样式表。

【课堂案例 7－7】

给图片设置 ID 值，并为图片增加点画线边框样式。

【任务实施】

第 1 步：为网页“新建 CSS 规则”时，如果选择定义规则的位置设为“新建样式表文件”，如图 7－26 所示，单击“确定”按钮以后，将弹出如图 7－27 所示的对话框，输入样式表文件的名称和保存的位置，本例样式表文件命名为 ys，外部样式表文件的后缀为“. CSS”。保存好以后，系统会弹出“CSS 规则定义”对话框，以下这些步骤就和内部样式表的设置和使用方法相同了。在 CSS 样式面板中，会增加一个外部样式表文件名节点以及其样式子节点。如图 7－28 示。

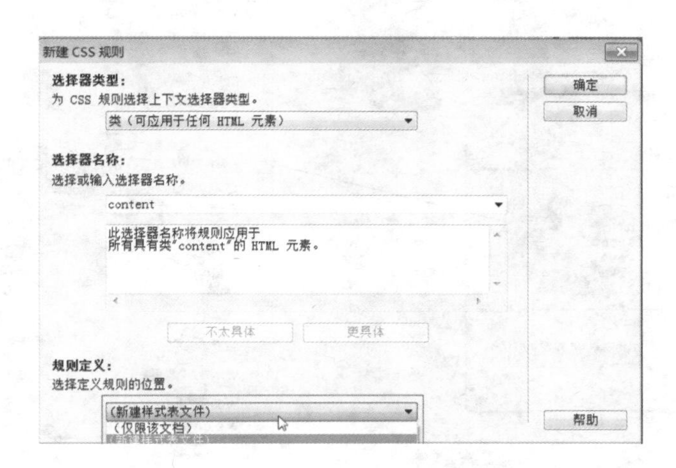

图 7－26
创建外部样式表

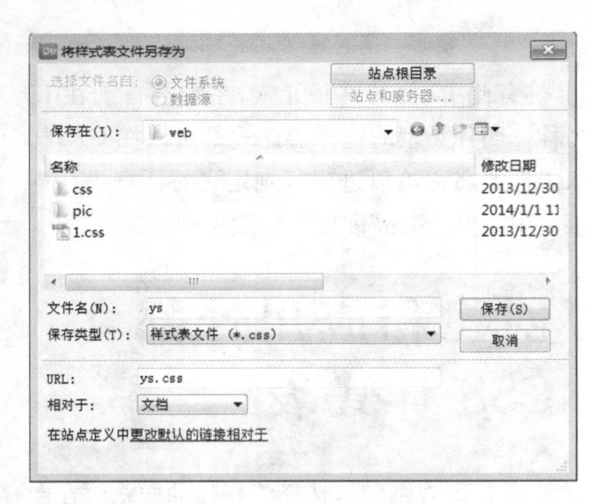

图 7-27
保存外部样式表

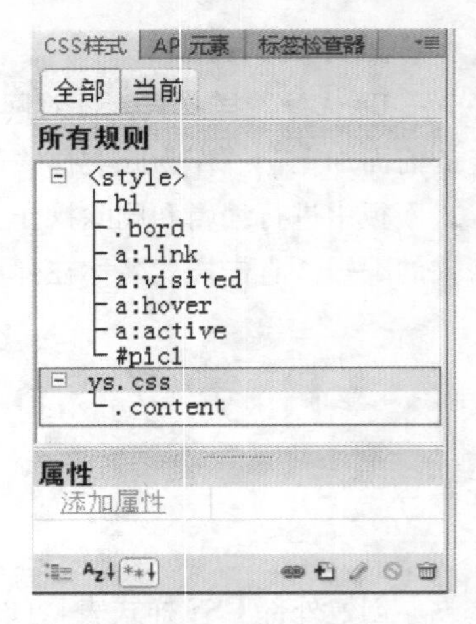

图 7-28
带有外部样式表文件的 CSS 样式面板

任务 7-3-2　导出样式表

【任务描述】

将内部样式表导出到外部样式表文件中。

【课堂案例 7-8】

将故宫介绍页面中内部样式表导出到 js. css 的外部样式表文件中。

【任务实施】

第 1 步：在 CSS 样式面板中选择需要导出的样式，可以通过按住“Ctrl”键进行多选。

第 2 步：右击鼠标，在弹出菜单中选择“移动 CSS 规则”选项，如图 7-29 所示。选中以后会弹出对话框，在此对话框中选择 CSS 样式表文件保存的位置和名称。我们保存到网站 css 文件夹下的 ys1. css 文件中，如图 7-30 所示。

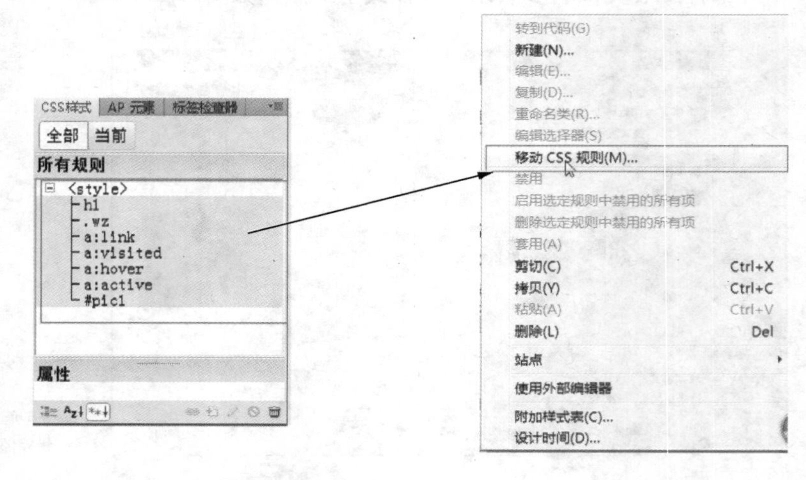

图 7-29
导出样式到外部 CSS 文件中

图 7-30
选择或者输入外部样式表文件的位置和名称

第 3 步：观察 CSS 样式面板的变化。样式表已经导出到 ys1.css 文件中，CSS 样式面板中就会显示 ys1.css 节点，其下面为该文件中所包含的样式。外部样式表文件中的样式的编辑和应用，与内部样式表的使用是完全相同的。

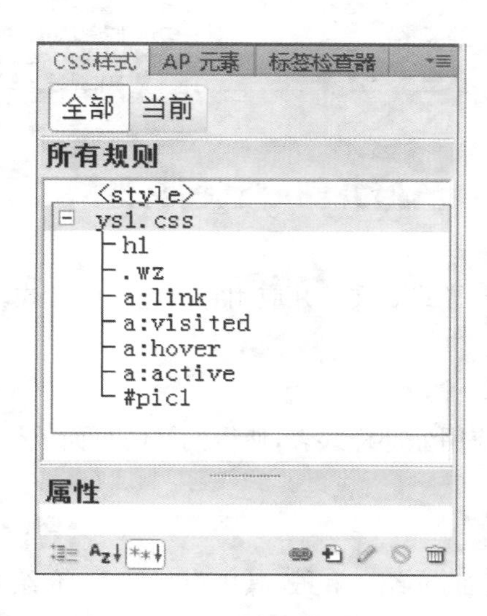

图 7-31
导出为外部样式表后的 CSS 样式面板

第 4 步：导入到外部样式表后，类选择器样式需要重新应用，如本例中的 wz。分别选择两段文字，在属性面板中，目标规则设置为 wz。单击"拆分"按钮，可以看到连接外部样式表文件的代码。如图 7-32 所示。双击 CSS 样式面板中的 ys1.css 节点，可以打开此文件。如图 7-33 所示。

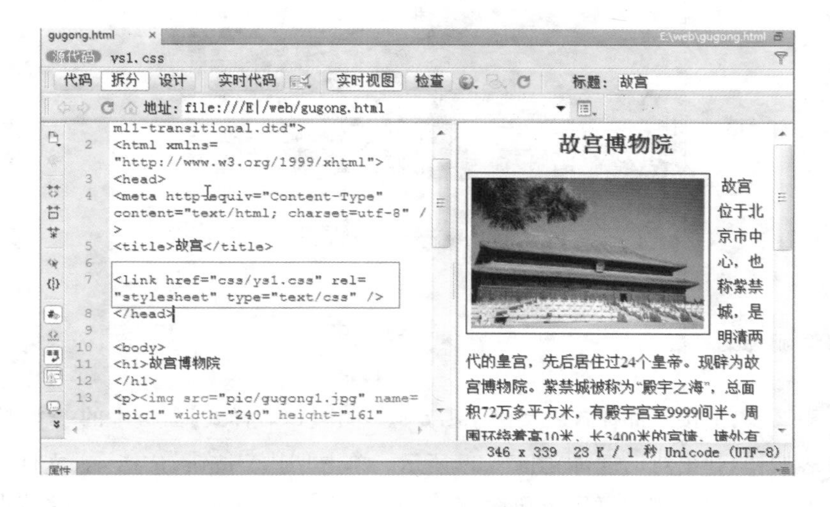

图 7-32
页面链接外部样式表文件

第 5 步：保存页面，按 F12 预览，与内部样式的使用效果相同。

图 7-33
外部样式表文件结构

任务 7-3-3 链接外部样式表文件

【任务描述】

在网页上链接外部样式表文件并应用它所包含的样式。

【课堂案例 7-9】

为"太和殿"页面应用外部样式表，使得网站的页面风格统一。

【任务实施】

第 1 步：制作新页面，介绍太和殿，其中有标题行、介绍文字和图片。其中标题行设置格式为"标题 1"。页面效果如图 7-34 所示。

图 7-34
"太和殿"页初始效果

第 2 步：链接外部样式表文件 ys1.css。单击【CSS 样式】面板中的 附加样式表按钮，弹出对话框，如图 7-35 所示。单击"浏览"按钮，选择 css 文件夹下的 ys1.css 文件。单击确定按钮后，在【CSS 样式】面板中会出现 ys1.css 节点及其所包含的样式。

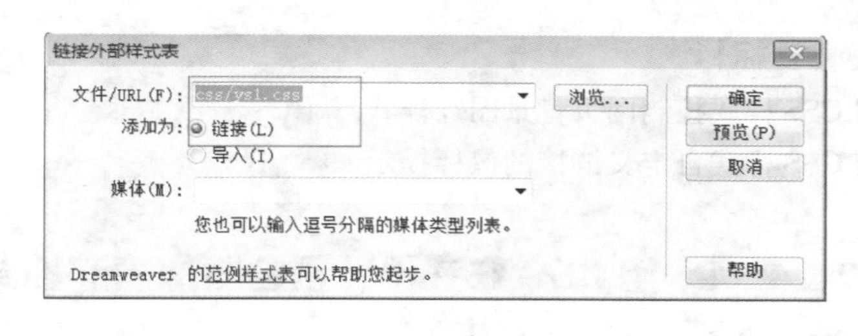

图 7－35
【链接外部样式表】对话框

第 3 步:应用样式。对于 h1 这种标签选择器样式,系统会自动将格式应用到页面中此标签中,此例可以看到标题“太和殿”自动居中已经变换了字体。对于“a:link”等这些超级链接样式,也不需要手动应用,页面上的超级链接会自动应用样式。而对于.wz 这种类选择器样式,需要手动应用。在介绍文字上单击鼠标,在属性面板中 css 的“目标规则”中选择“wz”,可以看到文字的字体和行高发生了变化。对于#pic1 这种 ID 选择器样式,需要选择页面上的元素,并将元素的 ID 值设为 pic1。这里我们选中图片,在属性面板中,设图片的 ID 值为 pic1。可以看到图片四周出现了白边和黑色的边框线。

第 4 步:保存页面,按 F12 预览页面,效果如图 7－36 所示。由于链接了同一个外部样式表文件,该页面与故宫介绍页的风格是统一的。只要修改 ys1.css 样式表文件,即可更新链接了该文件的所有页面,这样就大大减少了样式设置的工作量。

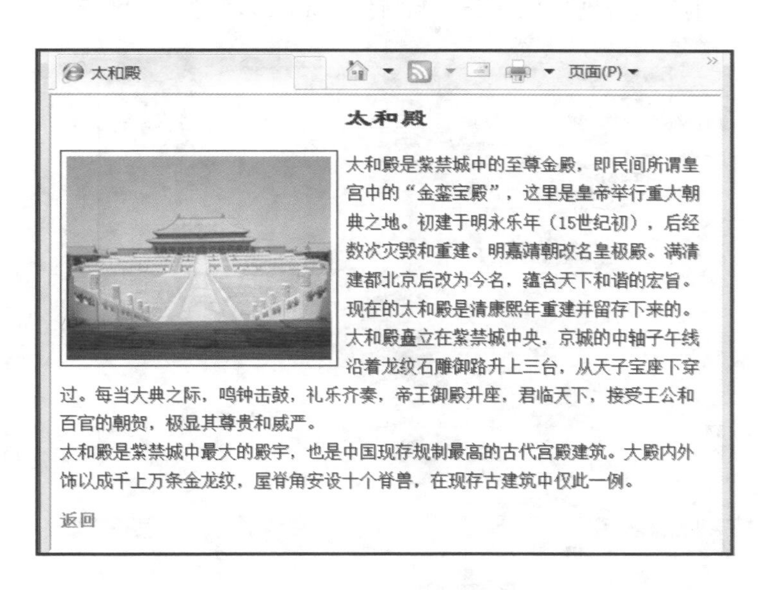

图 7－36
应用外部样式表后的页面效果

任务 7－4　创建特殊 CSS 样式

利用 CSS 样式不仅可以定义网页上文字、表格、超级链接的外观,还可以进行更广泛的控制。如利用 CSS 样式设计不会跟着滚动的背景图,自定义链接的鼠标提示等等。本任务学习这种特殊 CSS 样式的创建。

【任务目标】

- 利用 CSS 样式控制网页背景图片样式
- 利用 CSS 样式自定义链接的鼠标提示

任务 7-4-1　用 CSS 样式设计不会跟着滚动的背景图

【任务描述】

在网页上链接外部样式表文件并应用它所包含的样式。

【课堂案例 7-10】

利用 CSS 样式设计网页背景图固定在页面的左下角，不会跟着滚动。

【任务实施】

第 1 步：制作一个网页，在这里我们选择“太和殿”介绍页面。

第 2 步：新建 CSS 样式。单击【CSS 样式】面板中的“新建 CSS 规则”按钮，选择“标签”选择器类型，选择器名称选择“body”，如图 7-37 所示。在弹出的对话框中进行“背景”类规则的属性设置，选择背景图的位置，设置“背景重复”属性值为“不重复”（no-repeat），“背景固定”属性为“固定”（fixed），设置图片在网页水平与垂直方向的位置分别为“左”（left）和“底”（bottom），如图 7-38 所示。

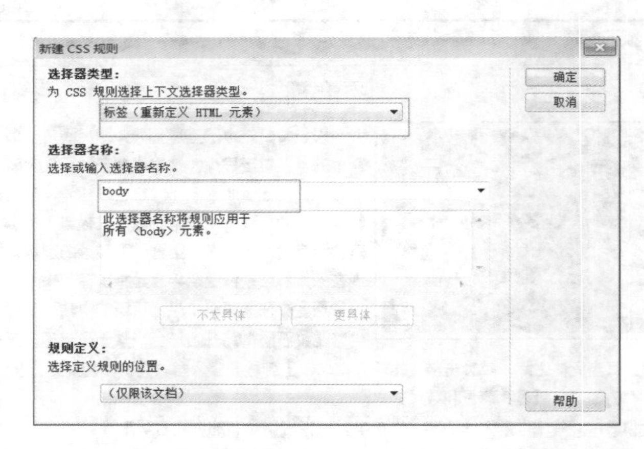

图 7-37
选择“标签”选择器类型

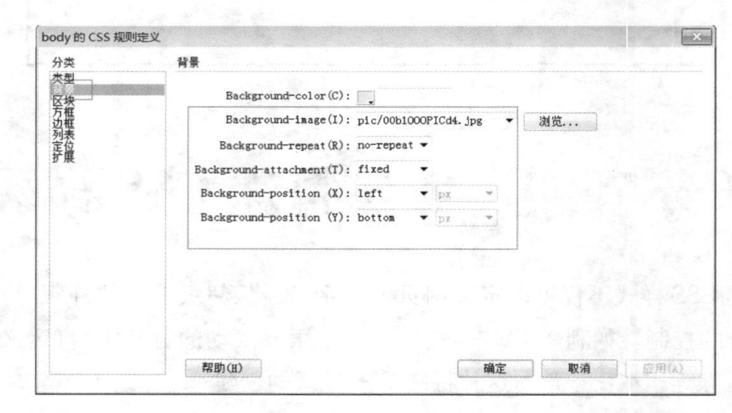

图 7-38
设置“背景”项规则

第 3 步:保存网页,按 F12 预览。可以看到就算用户上下滚动浏览器的滚动条,背景图像总是固定在同样的位置。

图 7-39
背景图像固定的效果

任务 7-4-2 利用 CSS 样式自定义鼠标形状

【任务描述】

利用 CSS 样式自定义鼠标指向某元素时的形状。

【课堂案例 7-10】

设计一个鼠标指向某元素时,鼠标形状为箭头和问号。

【任务实施】

第 1 步:制作一个网页,这里我们直接选择“太和殿”介绍页。

第 2 步:【CSS 样式】面板中“新建 CSS 规则”,选择“类”选择器类型,选择器名称输入“mouse”。如图 7-40 所示。在“mouse 的 CSS 规则”对话框中设置“扩展”类规则,设“光标”样式为“help”,如图 7-41 所示。

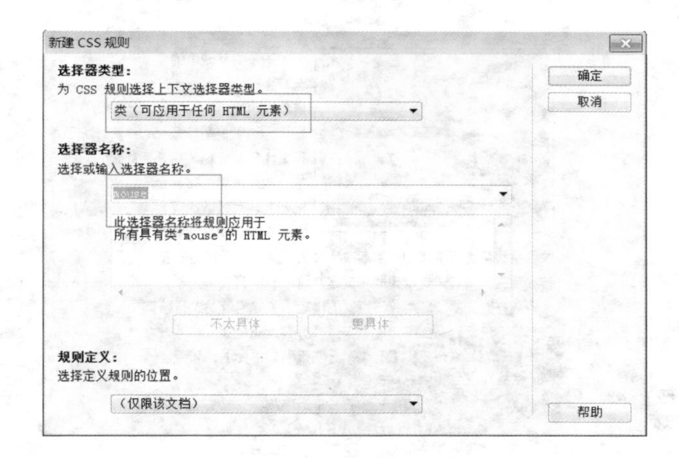

图 7-40
选择“类”选择器类型

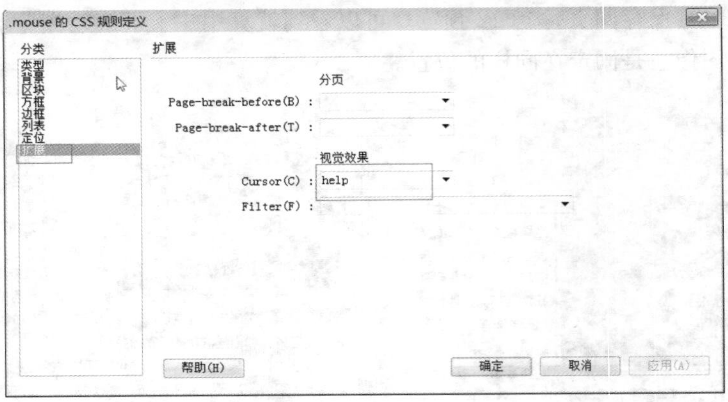

.mouse 的 CSS 规则定义

分类：类型、背景、区块、方框、边框、列表、定位、扩展

扩展

分页

Page-break-before(B) :

Page-break-after(T) :

视觉效果

Cursor(C) : help

Filter(F) :

帮助(H)　确定　取消　应用(A)

图 7-41
设置“扩展”规则

第 3 步：选中页面元素，应用“. mouse”类样式。在这里我们选择图片，右击图片，在弹出菜单中选择【CSS 样式】的子菜单项【mouse】。

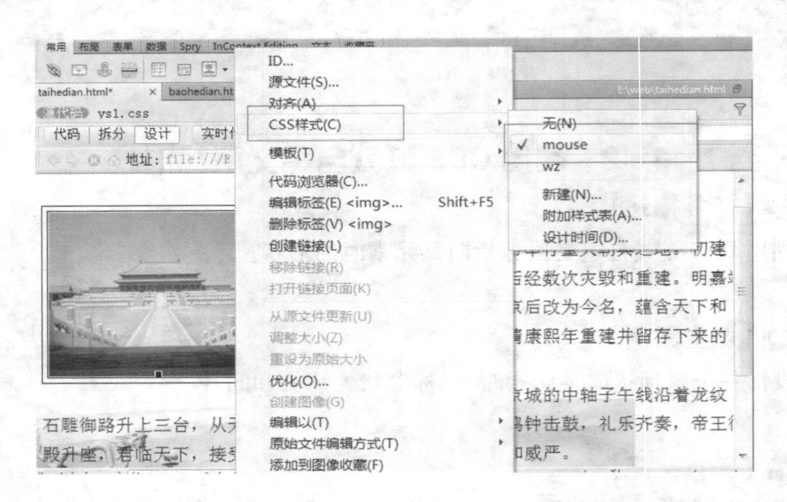

图 7-42
应用类样式

第 4 步：保存页面，按 F12 预览。当鼠标移动到图片上时，鼠标形状发生改变，如图 7-43 所示。

图 7-43
自定义鼠标形状

【项目小结】

1. CSS(层叠样式表)主要用于对页面的布局、字体、颜色、背景和其他效果进行精确的控制,从而修饰网页的外观。

2. CSS样式表根据所在的位置,分为内部样式表和外部样式表两种类型。

3. “CSS样式”面板主要用于创建和修改CSS样式。

4. CSS样式表共有四种选择器类型:标签、类、ID和复合内容。标签选择器样式是重新定义HTML标记的样式,不能自定义名称。类选择器样式是自定义的样式,可以应用于多种网页元素,名称前带有“.”。ID选择器样式只针对具有该ID值的元素起作用,名称前带有“#”。复合内容选择器样式主要是设置超级链接的样式。各种选择器样式的应用方法也不相同。

5. 外部样式表可以通过在“新建规则”时选择将规则定义在指定的CSS文件中,也可以将内部样式导出到外部样式表文件中。外部样式表文件可以同时被站点内的多个网页进行链接,达到网页风格的统一的效果。

【思考题】

1. 什么是CSS样式?如何创建CSS样式?

2. CSS样式的语句结构如何?包含哪些内容?

3. 内部样式表和外部样式表的相同点和不同点有哪些?

4. CSS样式选择器共有几种?这些选择器的不同点有哪些?

5. 外部样式表如何创建和应用?

6. 实际操作:为你创建的图书网站,设置网页文字、背景、超级链接等内容的样式。

项目八

08

网页布局定位

【项目导读】

- 了解网页布局的方法
- 掌握 Div + CSS 的布局方法
- 掌握 AP 元素的创建与操作
- 掌握表格布局的方法
- 掌握框架页面的制作方法

【项目重点】

- 掌握 Div + CSS 的布局方法
- 掌握表格布局的方法
- 掌握框架页面的制作

【项目难点】

- Div + CSS 的布局方法
- 框架页面的制作

【关键词】

网页布局、AP Div、Div + CSS 布局、表格、框架

【任务背景】

李晓明在预览做好的网页时，发现当浏览器窗口改变时，网页上的元素位置会发生改变，严重时页面看起来会非常混乱。通过翻阅资料，李晓明知道可以使用网页布局技术来解决这个问题。下面，我们和李晓明一起来学习网页布局定位技术。

【知识准备】

网页布局定位,就是指将各种网页元素按需要放在合适的位置。目前,比较常用的网页布局定位技术有以下几种:

(1) CSS+DIV 布局:是目前流行的网页版面布局方式,与表格方式相比,由于节约了许多代码,从而降低了网络数据量。

(2) 表格布局:利用表格既可以处理不同对象,又可以不用担心不同对象之间的影响,而且表格在定位图片和文本上比 CSS 更加方便。但是过多地使用表格,会影响页面的下载速度。

(3) 框架布局:虽然框架存在兼容性的问题,但从布局上考虑,框架结构是一种比较好的布局方法,可以将不同对象放置到不同页面加以处理。

针对目前比较常用的网页布局定位技术,Dreamweaver 提供了 AP 元素、表格、框架等网页布局工具,为网页布局提供了极大的便利。

网页设计的思想和排版方式是需要网页制作者通过自己的灵感和艺术思想产生的。所以在制作网页前,制作者一般都要有一个设计的总体规划,然后才能按照规划的思想完成网页的制作。

任务 8-1　Div+CSS 布局定位

【任务目标】

- 掌握 AP 元素的创建与操作方法
- AP 元素布局定位应用

【知识准备】

在 Dreamwearver 中,AP 元素指的是 AP Div 标签,是一种绝对定位元素。AP 元素相当于一个容器,它可以包含文字、图像以及所有任何可以在 HTML 文件中出现的元素。AP 元素可以放置在页面的任何位置,利用 AP 元素可以方便而又精确地定位页面元素。

任务 8-1-1　AP 元素的创建与操作

【任务描述】

AP 元素的创建与操作。

【课堂案例 8-1】

制作简单的 AP 元素,输入文字,设置文字样式。

【知识准备】

在 Dreamweaver 中,创建 AP 元素的主要方法有:

(1) 执行菜单【插入】→【布局对象】→【AP Div】命令,可在光标所在位置插入一个固定大小的 AP Div。

(2) 使用【布局】插入面板中的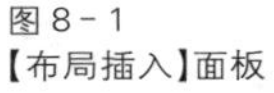绘制 AP Div 工具,在需要创建 AP 元素的位置按住鼠标左键,拖动鼠标即可绘制出一个 AP Div。“布局”插入面板如图 8-1 所示。

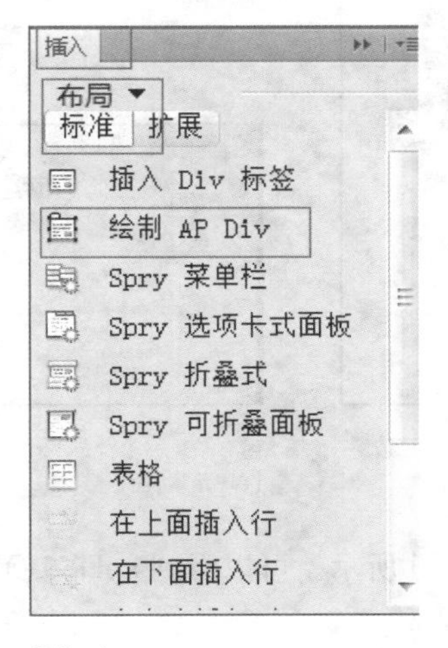

图 8-1
【布局插入】面板

图 8-2
【CSS 样式】面板中的 AP 元素样式

【任务实施】

第 1 步,创建 AP 元素。利用【布局】插入面板中“绘制 AP Div”工具,在页面上拖动鼠标绘制一个 AP Div。

第 2 步,设置 AP 元素的 CSS 样式。打开【CSS】样式面板,可以看到在面板中多出一个名为“#apDiv1”的 ID 选择器样式。如图 8-2 所示。双击样式名称,弹出“apDiv1 的 CSS 规则定义”对话框,可以对该 AP 元素进行精确地控制。在这里我们为 AP 元素设置了背景颜色。具体设置方法读者可以复习项目七中所学内容。

第 3 步,调整 AP 元素的大小和位置。页面上的 AP 元素的名称就是 apDiv1。单击 AP 元素可以选择该 AP 元素。可以看到属性面板如图 8-3 所示。在属性面板可以修改 AP 元素的名称,【CSS 样式面板】中的样式名称会自动跟着变化。可以在属性面板中设置 AP 元素的大小和位置。也可以在页面上用鼠标拖曳被选中 AP 元素四周的控制柄来改变 AP 元素的大小,通过拖动 AP 元素左上角的方形标签来移动 AP 元素的位置。

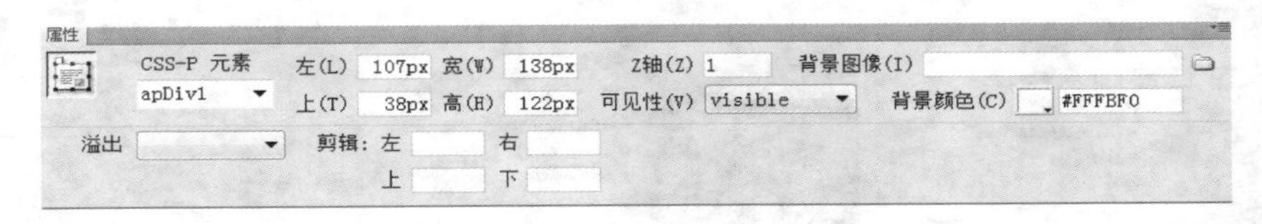

图 8-3
AP 元素【属性】面板

第 4 步,在 AP 元素内输入文字。首先在 AP 元素上单击,光标在 AP 元素内部闪动,就可以进行输入文字、插入图片、插入表格等等操作。这里我们输入两行文字。在“拆分”视图中,可以看到 AP Div 的标记是<div id="AP Div 名称">

</div>，输入的内容在<div>标记中，其属性不包括在<div>标记中，而是以 CSS 样式的 id 选择符写在<head>区中，因而在<body>区的代码非常简洁。如图 8 - 4 所示。

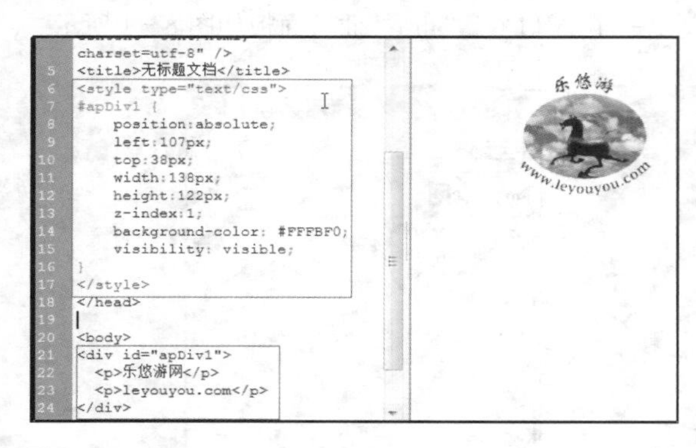

图 8 - 4
"拆分"视图效果

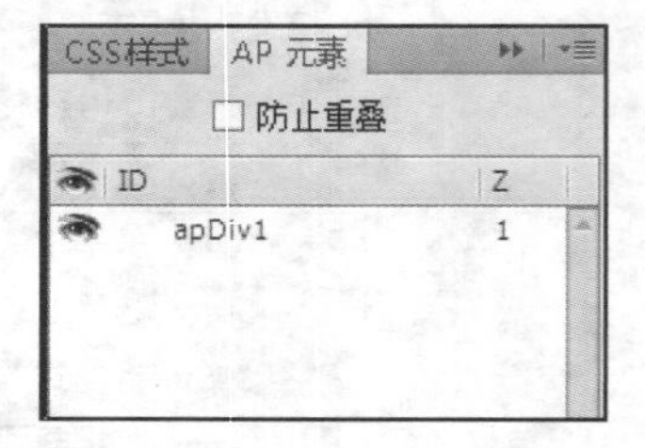

图 8 - 5
【AP 元素】面板

第 5 步，打开【AP 元素】面板，如图 8 - 5 所示。可以看到 apDiv1 元素。单击前面的 眼睛图标可以显示和隐藏该元素。

第 6 步，保存页面，按 F12 预览页面。

任务 8 - 1 - 2 AP 元素布局定位应用

【任务描述】

利用 AP 元素布局首页。

【课堂案例 8 - 2】

利用 AP 元素和 CSS 样式布局旅游网站首页。页面效果如图 8 - 6 所示。

图 8 - 6
旅游网站首页

【任务实施】

第 1 步，新建页面文件，命名为 index. html，存放在站点的根文件夹中。设置页面标题为乐悠游。打开“页面属性”对话框，在“外观 CSS”中设置页面字体为“宋体”，大小为“10pt”；在“链接 CSS”中设置“链接颜色”、“已访问链接”和“活动链接”颜色。

第 2 步，使用“布局”插入面板中的 AP Div 工具，在页面中单击并拖动鼠标创建一个 AP Div。选中所绘制的 apDiv1 元素，在其属性面板中进行所需属性的设置，改名为“top”，并设置背景颜色、位置、大小。如图 8－7 所示。在“＃top”样式中设置 margin 左右为 auto，这样 top 元素可以在页面上居中显示。

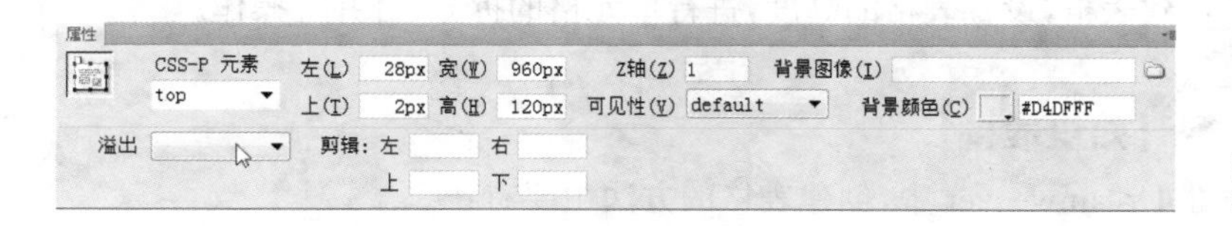

图 8－7
top 的属性设置

第 3 步，在 top 元素上创建三个 AP Div 元素，分别输入网站名称、网站标语和公司电话。可以自由移动这些元素的位置，随意摆放在 top 元素上。在 CSS 样式面板中设置这些 AP 元素的样式。

第 4 步，在 top 元素下面创建一个 AP Div 元素，命名为 daohang，用来存放页面的导航栏目。在属性面板中设置背景图像、位置和大小。在 CSS 样式中设置 margin 左右为 auto，让导航元素居中显示。

第 5 步，在 daohang 元素下面创建一个 AP Div 元素，命名为 content，用来放置页面中间左右两栏的内容。

第 6 步，在 content 元素中，依次加入 left、right 等 AP Div 元素，来分别存放页面内容区左侧和右侧的内容。最后，在 content 元素下面加入 copyright AP Div 元素来存放版权区域的内容。

第 7 步，保存页面，按 F12 预览。

【知识拓展】

此网页由于采用布局结构，无论在多大的浏览器窗口中浏览均不会出现折行等现象，各个对象的相对位置也不会发生变化。本例的 AP 元素页面布局采用的是绝对定位方式“position：absolute”，也可以采用浮动定位的方式“float”。

任务 8－2　表格布局

【任务目标】

- 掌握表格的创建与操作
- 掌握利用表格布局网页

【知识准备】

表格是一种能够有效地描述信息的组织方式，它不仅可以有序地排列数据，而且能够精确定位文本、图像及其他网页元素。

任务8-2-1 表格的创建与操作

【任务描述】

创建和操作表格。

【课堂案例8-3】

创建表格，设置表格的高度，进行单元格的拆分、合并等操作。

【知识准备】

在Dreamweaver中，创建表格的方法主要有：

(1) 将光标放置在所需位置，单击"常用"插入面板中的 表格工具；

(2) 将光标放置在所需位置，单击"布局"插入面板中的 表格工具；

(3) 将光标放置在所需位置，执行菜单【插入】→【表格】命令。

执行上述的操作后，会弹出图8-8所示的"表格"对话框。该对话框保留了最近一次的设置信息，重新设定数值。单击【确定】按钮完成表格的创建。

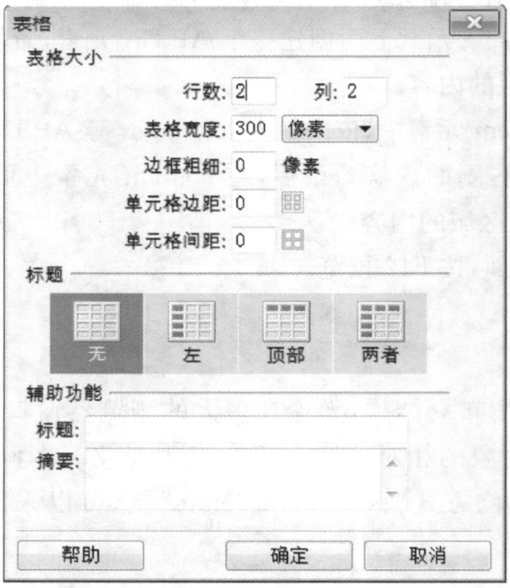

图8-8
表格对话框

"表格"对话框中各属性的作用如下：

① 行数：设置表格的行数；列数：设置表格的列数。

② 表格宽度：设置表格的宽度，单位有百分比和像素。

③ 边框粗细：设置表格边框的宽度。如果为0，表示没有边框。

④ 单元格边距：设置单元格中的内容与单元格边框之间的距离。

⑤ 单元格间距：设置单元格与单元格之间的距离。

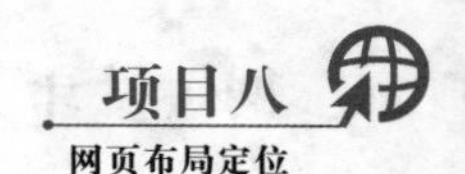

⑥ 标题:设置表格的标题。

⑦ 摘要:设置对表格内容的说明。

【任务实施】

第 1 步,创建表格。利用菜单【插入】→【表格】命令,创建一个宽度为 300 像素,2 行 2 列的表格。

第 2 步,设置表格的高度。选中表格,在其属性面板中设置表格居中对齐。如图 8－9 所示。然后切换到拆分视图,在代码视图窗口的〈table〉起始标记中输入高度属性及数值 height＝"600",代码如下:

〈table width＝"300" border＝"0" cellspacing＝"0" height＝"600" cellpadding＝"0"〉

图 8－9
表格属性面板

第 3 步,合并单元格。连续选中两个相邻的单元格,利用属性面板中的按钮合并单元格。如图 8－10 所示。

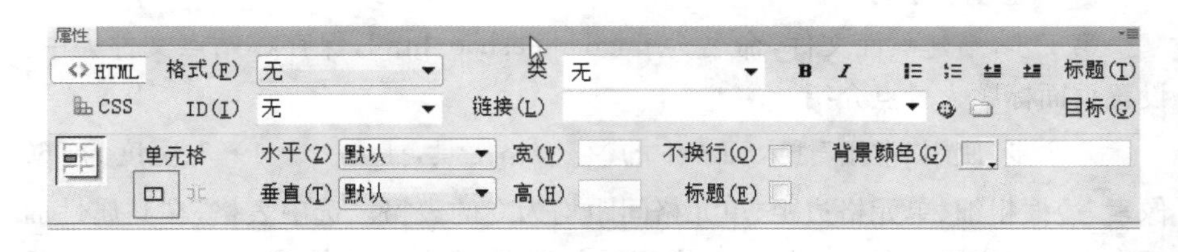

图 8－10
单元格属性面板

第 4 步,选中表格,拖动表格边框线调整表格和各单元格的大小。

任务 8－2－2　利用表格布局页面

可以在一个表格中插入另一个表格实现表格的嵌套,这是网页排版常用的手段之一。表格可以增加网页的层次。一个页面一般有背景和插入的对象共两层,每插入一个表格就多增加两层,即该表格的背景和此表格中单元格背景。由此,我们可以利用表格来丰富网页的层次。

【任务描述】

利用表格布局页面。

【课堂案例 8－4】

利用表格布局制作旅游网站的景点介绍页面,效果如图 8－11 所示。

图 8-11
“景点介绍”页面效果

【任务实施】

第 1 步，新建页面文件，命名为 jingdianjieshao. html，保存在站点文件夹中。设置页面标题为景点介绍。

第 2 步，使用“常用”插入面板中的 表格工具，插入一个 1×3、宽度为 960 像素，边框粗细、单元格边距、单元格间距均为 0 的表格。选中表格，在其属性面板中设置表格居中对齐。然后切换到拆分视图，在代码视图窗口的〈table〉起始标记中输入高度属性及数值 height="120"。这个表格是用来放置网站名称、网站口号、公司电话。

第 3 步，在第 2 步创建的表格下面，新建一个 1×5、宽度为 960 像素，边框粗细、单元格边距、单元格间距均为 0 的表格。选中表格，在其属性面板中设置表格居中对齐。然后切换到拆分视图，在代码视图窗口设置表格的高度为 40px。这个表格是放置网站导航栏目的。

第 4 步，接着在下面创建一个 1×2、宽度为 960 像素，高度为 540 像素，边框粗细、单元格边距、单元格间距均为 0 的表格。表格居中对齐。这个表格存放网页的主体内容。

第 5 步，在内容区表格的左单元格中，插入一个 5×1、宽度为 210 像素，高度为 540 像素，边框粗细、单元格边距、单元格间距均为 0 的表格。这个表格存放内容区左侧的景点类别信息。

第 6 步，在内容区表格的右单元格中，插入一个 3×3、宽度为 760 像素，高度为 540 像素，边框粗细、单元格边距、单元格间距均为 0 的表格。这个表格存放内容区右侧景点图片。

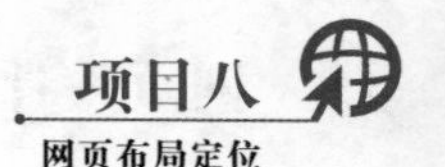

第 7 步，在内容区表格的下面插入一个 2×1、宽度为 960 像素，高度为 95 像素，边框粗细、单元格边距、单元格间距均为 0 的表格。这个表格存放网站的版权信息，上面一行是加入一条与内容区的分割线图片，下面一行放版权信息。到这步网页的布局基本就搭建好了。效果如图 8-12 所示。这里为了将结构显示得更清晰，表格都设置了 1px 的边框。

图 8-12
嵌套表格的效果

第 8 步，添加内容。按照设计规划，在各个表格的各个部分，加入相应的内容，输入文字、插入图片、设置 CSS 样式等操作。这里就不再详细介绍了。

第 9 步，保存页面，按 F12 预览。效果如图 8-11 所示。

任务 8-3　框架页面的制作

框架主要用于在一个浏览窗口中显示多个 HTML 文档。通过构建这些文档之间的相互关系，从而实现文档导航、浏览以及操作等目的。

【任务描述】

制作框架页面。

【课堂案例 8-5】

制作平谷区景点介绍的页面。运行效果如图 8-13 所示。

图 8 - 13
利用框架制作的页面

图 8 - 14
“京东大峡谷”页面

【知识准备】

利用框架技术可以将不同的文档显示在同一个浏览器窗口中。通过构建这些显示在同一窗口中的文档之间的相互链接关系，可以实现文档之间的相互控制。

一般来说，分割浏览器框架主要是通过框架集和框架来实现的。

① 框架集(frameset)。所谓框架集，顾名思义，就是框架的集合。框架集实际上是一个页面，用于定义在一个文档窗口中显示多个文档的框架结构。

② 框架(frame)。所谓框架，就是在框架集中被组织和显示的文档。在框架集中显示的每个框架事实上都是一个独立存在的 HTML 文档。

【任务实施】

第 1 步:创建框架。执行菜单【文件】→【新建】命令,在弹出的“新建文档”对话框中单击“示例中的页”选项,在其“示例文件夹”列表中选择“框架集”选项,然后从“示例页”列表中选择一种预设的框架集,右侧的预览窗口将显示该框架的布局结构,如图 8－15 所示,单击【创建】按钮,即可创建一个由上左右组成的三框架页面。

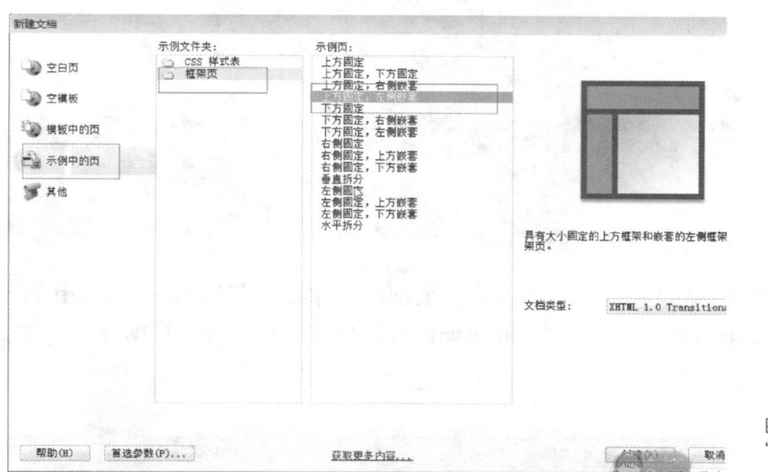

图 8－15
“新建文档”对话框

第 2 步,保存框架。执行菜单【文件】→【保存全部】命令,弹出“另存为”对话框,同时整个框架的边框会出现阴影框,如图 8－16 所示,提示保存的是框架集页,本例将框架集页面命名为 pinggu. html,保存在站点根文件夹下新建的 pinggu 文件夹中。接着,分别单击右侧框架页、左侧框架页和顶部框架页,执行菜单【文件】→【保存框架】命令进行框架页面的保存,分别命名为 right. html, left. html, top. html,保存在 pinggu 文件夹中。保存完毕,在站点根文件夹中的 pinggu 文件夹中将看到四个页面文件。

图 8－16
保存框架集文件

第 3 步,打开【框架】面板。执行菜单栏中的【窗口】→【框架】命令,可以打开框架面板,如图 8－17 所示。在框架面板中,单击框架边线选择框架集,可以在其属性面板中进行各项属性的设置,框架集的属性面板如图 8－18 所示。

图 8-17
【框架】面板

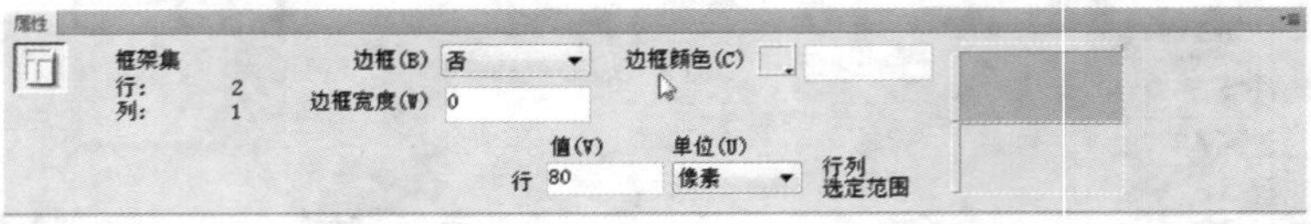

图 8-18
框架集属性面板

第 4 步，设置框架属性。在框架面板中单击框架区域，可以在其属性面板中进行各项属性的设置，框架的属性面板如图 8-19 所示。分别设置上框架名称为 top，左框架为 left，右框架为 right。

图 8-19
框架属性面板

第 5 步，设置页面属性。设置 top. html 页面的背景颜色为“#D4DFFF”，left. html 页面的背景颜色为“#7F9FFF”。先在框架面板中选择最外层的框架边框，然后在文档工具栏中设置页面标题为“平谷景点”。此时创建的框架结构、框架名称及页面名称如图 8-20 所示。

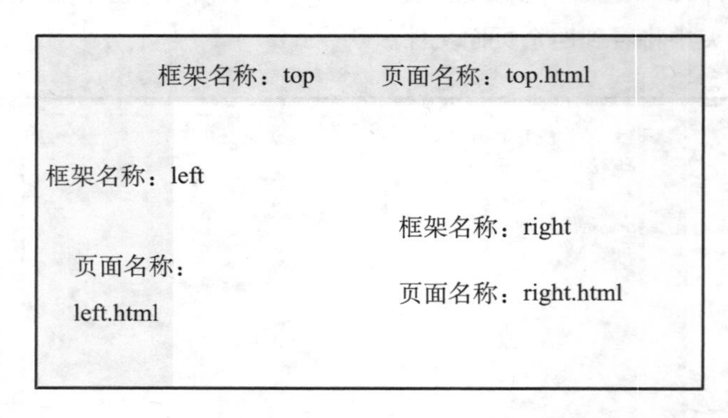

图 8-20
框架结构及名称

第 6 步，制作 top. html 页面内容。将光标放置在文档窗口的 top 框架区域，输入文字“平谷景点介绍”，选中文字，单击菜单中的【格式】→【对齐】→【居中对齐】将文字居中，在属性面板中设置文字格式为“标题 2”。然后执行菜单【文件】→【保存框架】命令，此时仅保存此页即光标所在的页面。

第 7 步，制作 left. html 页面内容。将光标放置在文档窗口的 left 框架区域，插入一个 5×1、宽高为 120×175 像素的表格，单元格的背景颜色为白色。然后在单元格中分别输入文本“京东大峡谷”、“青龙山”、“京东大溶洞”、“金海湖”和

“返回北京景点”。再执行菜单【文件】→【保存框架】命令，保存此框架页面。

第 8 步，制作 right. html 页面内容。将光标放置在文档窗口的 right 框架区域，输入所需文字，这里是介绍平谷旅游的文字和一张图片。然后执行菜单【文件】→【保存框架】命令，保存此框架页面。

第 9 步，制作“京东大峡谷”页面内容。选择菜单【文件】→【新建】，制作一个新空白的布局为“无”的普通 HTML 页面，保存为“daxiagu. html”页面。在页面上添加文字和图片，并进行必要的样式设置。按 F12 预览此页面，效果如图 8 - 21 所示。

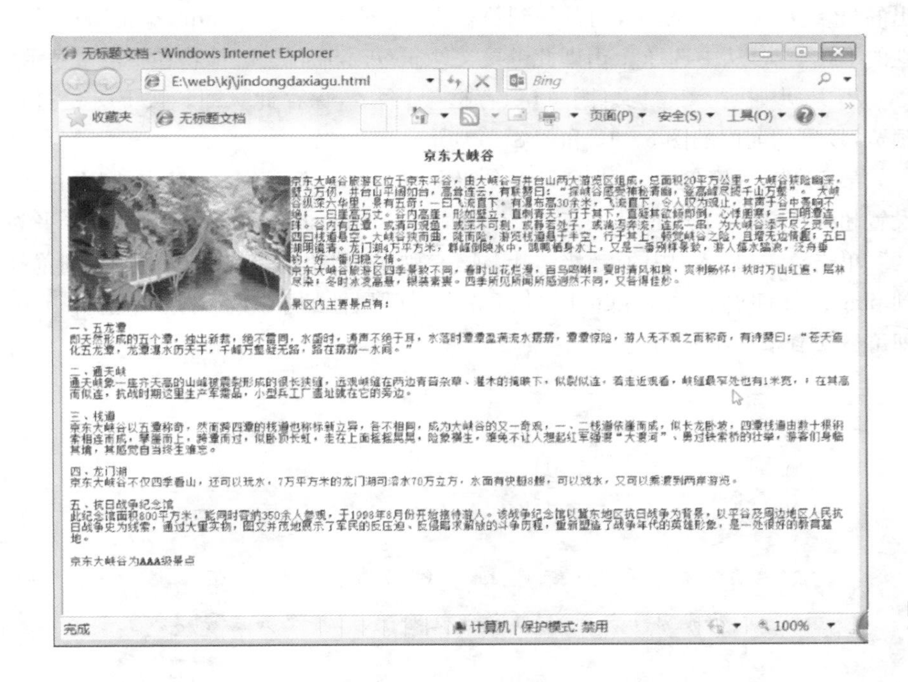

图 8 - 21
“京东大峡谷”介绍页面

第 10 步，按照上述方法制作完成其他景点的介绍页面，分别命名为 qinglongshan. html、darongdong. html、jinhaihu. html，保存在 pinggu 文件夹中。

第 11 步，创建 left 框架中各栏目的超级链接。选中 left 框架区域中的文本“京东大峡谷”，单击菜单【插入】中的【超级链接】项，在弹出的“超级链接”对话框中，浏览找到目标文件 daxiagu. html，单击“目标”属性的下拉箭头，从中选择“right”。超级链接设置如图 8 - 22 所示，链接文件 daxiagu. html 中的内容将在右侧框架中显示。按照上述方法，分别为文本“青龙山”、“京东大溶洞”、“金海湖”创建链接的目标文件分别是 qinglongshan. html、darongdong. html、jinhaihu. html，“目标”属性均设置为“right”。

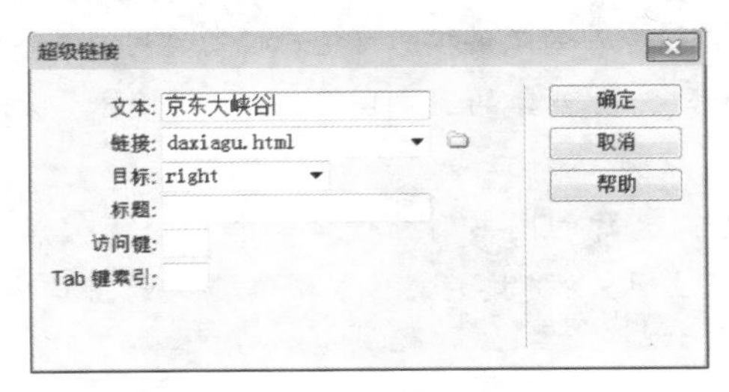

图 8 - 22
超级链接设置

【说明】

“超级链接”对话框中“目标”选项中的各值意义如下：

① _blank：表示超级链接打开的是一个新的窗口。

② _parent：表示超级链接打开的是一个父窗口，它取决于上一次调用。

③ _self：表示超级链接打开的是自身所在的窗口。

④ _top：表示超级链接打开的是整个窗口，框架页的返回通常选择此项。

⑤ top、left、right：是我们创建的三个框架的名称。

第 12 步，选中文本“返回景点介绍”，单击菜单【插入】中的【超级链接】项，在弹出的“超级链接”对话框中，浏览找到目标文件 jingdianjieshao. html，单击“目标”属性的下拉箭头，从中选择_top，即此链接文件 jingdianjieshao. html 将在整页中显示。

第 13 步，执行菜单【文件】→【保存框架】命令，保存此页面。按 F12 键进行预览，效果如前面的图 8－13 和图 8－14 所示。

第 14 步，为案例 8－4 北京景点介绍页面 jingdianjieshao. html 中的“平谷区”设置超级链接。打开北京景点介绍页面 jingdianjieshao. html，选中文本“平谷区”，单击菜单【插入】中的【超级链接】项，在弹出的“超级链接”对话框中，浏览找到 pinggu 文件夹下的 pinggu. html，单击“目标”属性的下拉箭头，从中选择_top，即可链接到框架集页面上。

【项目小结】

1. 网页布局技术共有三种：Div＋CSS、表格布局、框架。

2. AP 元素相当于容器，可以存放文字、图片及其他可以放置在页面上的多种元素。

3. 利用 AP 元素可进行网页布局定位。

4. 利用表格的嵌套来进行网页的布局。

5. 利用框架可以分割浏览器窗口，通过框架集和框架实现。框架页面中的超级链接设置时，首先考虑是在哪个窗口中打开目标页，然后根据情况进行“目标”属性的设置。

【思考题】

1. AP 元素有何作用？如何使用 AP 元素进行页面的布局？

2. 表格的高度如何指定？如何利用表格布局？

3. 框架有何特点？超级链接的目标属性的作用以及各种值的意义是什么？

4. 实际操作：为你创建的图书网站，分别用 AP 元素和表格两种方法进行页面布局并完成页面制作。

5. 实际操作：为你的图书网站设计制作一个框架结构网页。要求框架集包含 3 个页面文件，被链接的文件能够在指定的窗口中打开。

项目九

09

库与模版

【项目导读】

- 了解库和模板的概念和作用
- 了解可编辑区的概念
- 掌握库和模板的创建、引用的方法

【项目重点】

- 库和模板的创建、引用和更新

【项目难点】

- 库和模板的创建、运用

【关键词】

库、模板、共性、网站风格

【任务背景】

一个成功的网站仅仅靠几个设计优秀的主要页面是远远不够的，还需要有大量的承载信息的二级、三级至叶级页面。这些页面应具有整体、统一的设计风格，李晓明在制作二级、三级或叶级页面时，发现同一级页面最好采用同一种排版布局，既能减轻工作量，又不显凌乱，保持网页风格统一。他开始采用文件拷贝或复制、粘贴的方式来解决。但在制作网站的过程中，发现领导和同事在看过网页后经常提出更好意见，修改起来工作量很大，需要一页一页地去修改网页，那么对同一风格同一布局的网页有没有快捷的修改方法呢？这就是本章所要学习的主要内容。在网站维护中 Dreamweaver 所提供的“库与模板”的功能，能够圆满地解决这些问题。

利用模板可以解决网站所有页面的共性问题，从而很好地控制网站页面的"整体、统一"风格；利用重复部件库则可以实现页面自身个性化的内容，可应对部分页面经常变动的需求。总之，充分利用"库与模板"的功能，能够有效减低网页设计师的工作量，提升工作效率，高质量完成网站的维护工作。

任务 9－1 使用库项目

Dreamweaver 提供的库功能在网站维护的页面更新工作中表现非常强大，适用于网站维护中某一种网页元素应用于数百个页面的中等规模以上的网站，便于网页设计师修改众多重复使用的页面元素，省时节力，大大减轻了工作人员的重复劳动，提高工作效率和质量。

【任务目标】

- 了解库项目的概念和功能
- 掌握库项目更新网页的使用方法和步骤

【知识准备】

要想熟练掌握库功能的使用，需要了解与库相关的基本概念。下面将简要介绍什么是库、什么是库项目。

1. 库(Library)：库是 Dreamweaver 站点中的一个文件夹，用于保存和管理站点中重复使用或频繁更新的页面元素。库文件夹由 Dreamweaver 自动在站点根目录下生成。

库可以包含 HTML 源代码中 body 标记包含的任意元素，比如文本、图像、导航栏、插件、ActiveX 控件、表单、表格和 Java 程序等。

2. 库项目(Library Item)：也称为库元素，是存放于库中的元素。这些元素是重复使用或经常需要更新的页面元素，如图像、文本或其他对象。

众多网站页面上都存在部分内容被重复使用，如页面顶部和页面导航等。一旦要更新这些重复使用的网页元素时，采用库项目的方法可以将这些区域设定为一个部件并存为库项目，仅仅需要当更新时编辑该库项目即可。

库项目的方法是针对处理重复出现网页内容的有力工具，其优点是工作效率高，可以避免一页一页打开进行更新的繁琐工序，并且出现错误概率大为降低。

任务 9－1－1 创建库项目

【任务描述】

学习使用库项目更新网页的操作方法。

【课堂案例 9-1】

通过“乐悠游”旅游网站的 logo 制作库项目，学习使用库项目更新网页的操作方法。

【任务实施】

第 1 步，选取文档中要存为库项目的页面元素，如图 9-1 中虚线框选的“乐悠游”网站 logo 所示。

图 9-1
选择要存为“库项目”的网站 logo

第 2 步，选择“窗口”→“资源”，在“资源”面板左边列表中单击“库”按钮 ，将第 1 步中“网站 logo”页面元素拖拽到空白区域，如图 9-2 中所示。

第 3 步，将图 9-2 中的默认库项目名“Untitle2”修改为“logo”，如图 9-3 中虚线框选的名字“logo”所示。

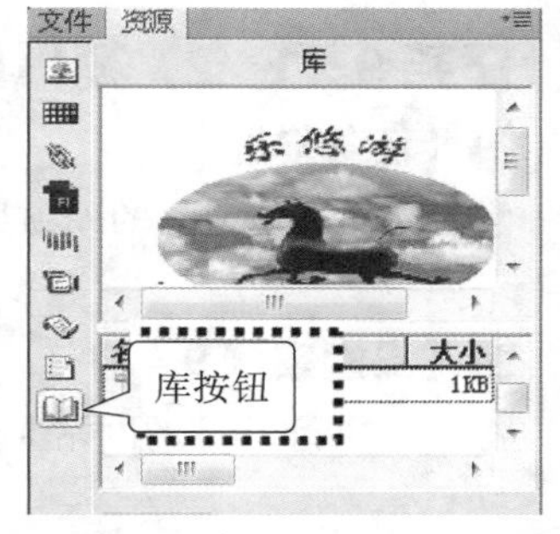

图 9-2
将选定的网站 logo 拖拽入“资源”面板

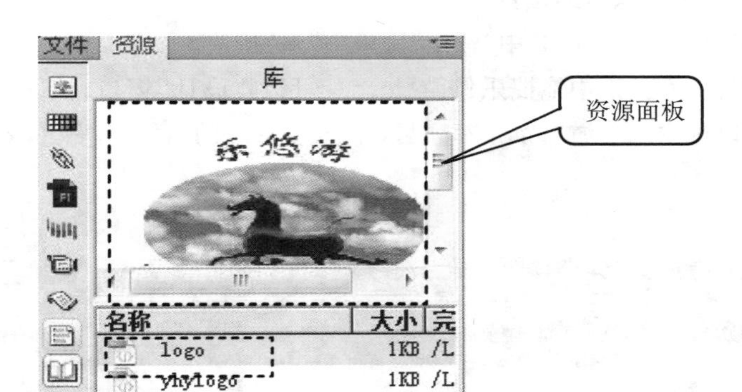

图 9-3
库项目名为“logo”

提示：查看站点根目录，会看到有一个如图 9-4 所示的 Library 文件夹，该文件夹中保存了一个 logo. lbi 文件，即刚刚创建保存的库项目“网站 logo”。

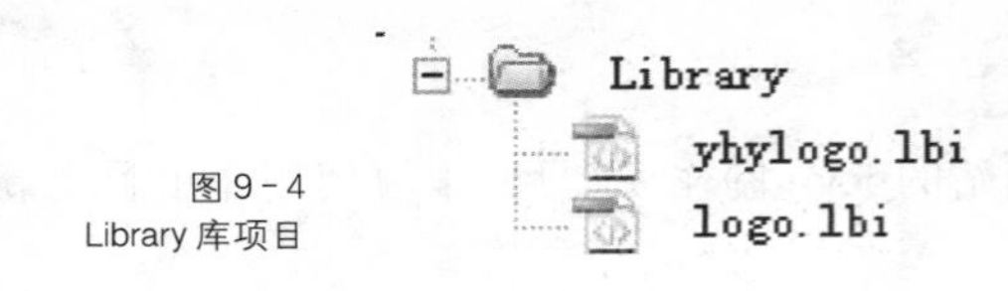

图9-4
Library 库项目

【知识拓展】

通过修改库项目的方法，可以实现整个网站所有页面上与库项目相关的页面元素内容一次性更新，作用非常强大。读者需要注意以下几点：

1. Dreamweaver 保存的仅仅是被链接项目的引用，原始文件必须保留在指定位置，从而可以保证库项目的正确引用。

2. 库项目的使用方法是在设计网页时将库项目拖放到网页文档中，也就是说 Dreamweaver 在网页文档中插入了该库项目的 HTML 源代码的一个拷贝，同时创建该外部库项目的引用。

3. Dreamweaver 允许为每个站点创建属于自己的库，并且将库项目保存在各自站点的本地根文件夹下的 Library 子文件夹内。

任务9-1-2　插入库项目

【任务描述】

学习如何将创建好的库项目插入到网站页面中，并掌握其操作步骤。

【课堂案例9-2】

将名为“logo. lbi”的网站 logo 插入到网站页面中。

【任务实施】

将库项目插入到网站页面中，实际内容与项目的引用就会被插入到相应的网站页面文档中。在网站页面中插入库项目的具体操作步骤如下：

第 1 步，新创建网站页面“testlib. html”，将光标置于新创建的网站页面的“设计”窗口要插入项目的位置。

第 2 步，单击如图 9-2 中“资源”面板中“库”按钮。

第 3 步，从库类别中拖拽乐悠游“logo”项目到“设计”窗口，如图 9-5 所示。同样，也可以选中乐悠游“logo”库项目，单击左下角的“插入”按钮，效果是一样的，如图 9-5 所示。

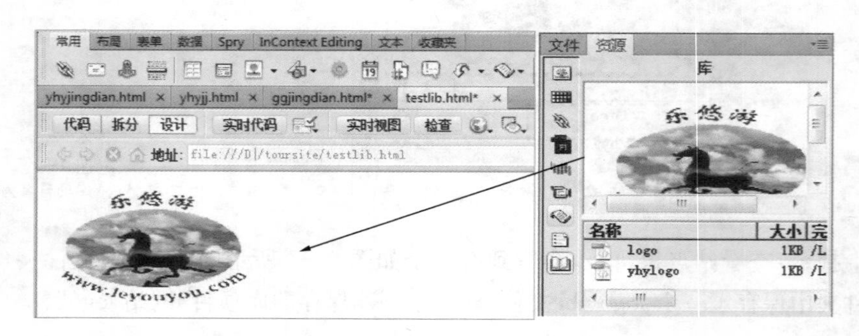

图9-5
将“乐悠游”网站 logo 库项目插入到页面 testlib. html 中

小提示

插入到页面中的库项目是不可编辑的。

若需要编辑插入到页面中的库项目，必须将页面中的库项目与"资源"面板"库"分类中库项目的关联掐断。具体操作方法是，选中当前页面中要编辑的库项目，然后在"属性"面板中单击"从源文件分离"按钮 从源文件中分离 。

小提示

单击"从源文件中分离"按钮后，该页面中的库项目已经不是真正意义上的库项目了，它不会随着库项目的更新而更新。

【知识拓展】

在"插入库项目"中需要注意如下两个方面：

1. 若既想插入库项目的内容，又同时包含对项目的引用，按照上述步骤操作即可。

2. 若仅仅想插入库项目的内容，但是不想包含该库项目的引用，正确的操作方法是"按住 Ctrl 键并拖拽"库项目到相应网站页面。

上述两种方法的最终显示效果相同，区别在于是否"包含库项目的引用"。若"包含"库项目的引用，则当库项目经过编辑并更新该库项目的页面后，"包含库项目引用"的文档会随着库项目的更新而更新，而"不包含库项目引用"的页面则不会随之而更新，不过却可以修改其内容。

小提示

请不要移动站点下的库文件夹(Library)，这将会导致库项目引用错误。

任务 9-1-3 编辑库项目

【任务描述】

已经存入库中的项目是可以修改的，学习并掌握"编辑库项目"的方法，从而实现网站众多页面的"统一、快速"更新。

【课堂案例 9-3】

修改"乐悠游"网站 logo，实现众多插入该库项目网站页面的快速更新。

【任务实施】

编辑库项目的具体步骤如下：

第1步，选择“窗口”→“库”，在“资源”面板中单击“库”按钮。

第2步，在“资源”面板“库”类别中，选中如图9-3中库项目“乐悠游”网站logo，单击“资源”面板右下角的“编辑”按钮，打开一个新窗口可以进行库项目的编辑，如图9-6所示。

图9-6
打开库项目编辑窗口

第3步，编辑库项目后，选择“文件”→“保存”，保存编辑过的库项目。此时会弹出“更新库项目”对话框，提示“更新这些文件的库项目吗?”，如图9-7所示。单击“更新”按钮，则更新所有使用该库项目的网站页面；单击“不更新”按钮，则放弃更新。

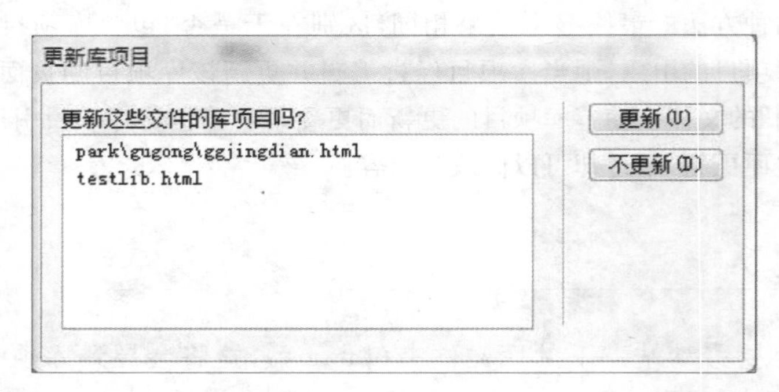

图9-7
“更新库项目”对话框

在该案例中，将库项目“乐悠游”网站logo添加一个“框”，单击图9-7中的“更新”按钮，显示“更新页面”对话框，如图9-8所示。由图9-8可知，更新的页

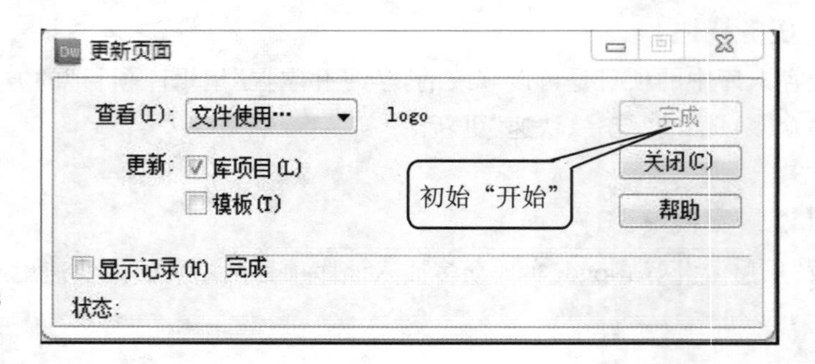

图9-8
“更新页面”对话框

面是指使用库项目“乐悠游”网站 logo 的相关页面，单击“开始”按钮进行更新，更新完毕后“开始”按钮显示为“完成”，表示页面更新完毕，这样经过编辑修改的库项目内容就被重新置入了使用该库项目的关联页面中。然后，单击“关闭”按钮，关闭“更新页面”对话框。

小提示

在图 9－8 中，确保“库项目”复选框被选中。

第 4 步，打开如图 9－7 的页面 testlib.html，显示更新后的效果，如图 9－9 所示。

图 9－9
编辑后的“库项目”和更新后的页面 testlib.html

【知识拓展】

在“编辑库项目”中需要注意如下事项：

1．编辑库项目后，可以选择“更新”所有使用该库项目的网站页面。

2．编辑库项目后，若选择“不更新”所有使用该库项目的网站页面，则网站页面仍然保持着与库项目的关联，而且可以在需要的时候通过菜单“修改”→“库”→“更新页面”的操作步骤来更新相应的网站页面。

3．打开库项目编辑窗口的方法除了单击“资源”面板右下角的“编辑”按钮 之外，还可以：双击库项目文件、双击库项目本身、右击库项目文件再单击“编辑”选项。

任务 9－2　模板

模板是 Dreamweaver 中一项十分强大的功能，其作用是在架设网站时有助于网页设计师设计出风格一致、布局相同的网页。应用模板来创建和更新网站众多页面，将会大大提高工作效率，使得网站的维护工作变得轻松、高效率。

【任务目标】

- 掌握使用 Dreamweaver 创建模板的方法和操作步骤。
- 掌握将模板应用到网站网页的方法和操作步骤。
- 掌握修改模板更新网站网页的方法和操作步骤。

任务 9-2-1　创建模板

【任务描述】

学习、掌握使用 Dreamweaver 创建模板的方法和操作步骤。

【课堂案例 9-4】

以“乐悠游”旅游网站为例，创建一个网页模板。其中，网站 logo、导航栏、栏目标题、版权信息等页面元素被设计为锁定区，不允许修改；而需要更新的景点展示内容设置为可编辑区，允许编辑和修改。

【知识准备】

在创建模板之前，读者需要对模板有一个基础的了解和认知。

首先，模板是创建网站页面的基础文档。在模板的创建过程中，可以设定哪些网页元素是需要长期保留，固定不变且不可编辑的，哪些是可以编辑修改的。

其次，模板不是一成不变的，可以更新。当编辑模板保存后，更新使用模板的网站页面时，这些页面会更新且与模板的修改保持一致。例如，网站有 500 个页面，每个页面中的版权信息为“1995—2005”，现需要变更为“2006—2015 年”，如果采用逐页打开修改的方法，过于耗时费力！而采用模板，则仅仅需要修改一下模板中的相应信息，然后执行页面更新操作，Dreamweaver 就会自动更新网站的 500 个页面，并且修改一致无误。

在网站创建之初必须考虑网站的日常更新和维护问题。因此，最好的选择是采用模板来设计网站页面，在创建模板之前，有必要掌握从空白 HTML 文档创建模板的操作方法，主要有如下几种：

1. Dreamweaver 主菜单“文件”→“新建”命令，打开“新建文档”窗口，选择左侧的“空模板”分类，在“模板类型”中选中 HTML 模板，在“布局”中选择“无”，然后单击“创建”按钮，可以生成一个空白模板，如图 9-10 所示。

2. 单击如图 9-11 所示“插入”栏中“常用”类别中“模板”按钮，单击选择“创建模板”选项，显示如图 9-12 所示的“另存模板”窗口，在描述中输入“乐悠游顶部模板”，另存名为“template1”，单击“保存按钮”，就可以生成一个空白模板。

3. 单击如图 9-13 中“资源”面板中的“模板”按钮，也可以实现空白模板的创建。

【任务实施】

本案例以“资源”面板创建模板为例讲解如何创建空模板，操作步骤如下：

第 1 步，Dreamweaver CS5 打开后，先打开站点 toursite，切换到“资源”面板，选择面板左侧下方的“模板”类别按钮。

第 2 步，新建模板，单击“资源”面板底部的“新建模板”按钮。

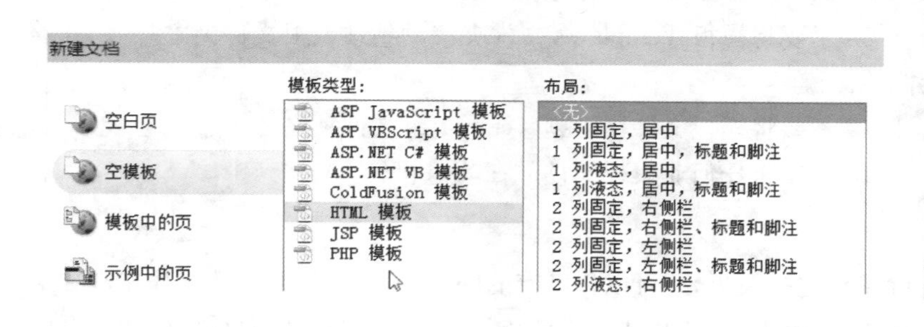

图 9 - 10
新建一个“空白模板”

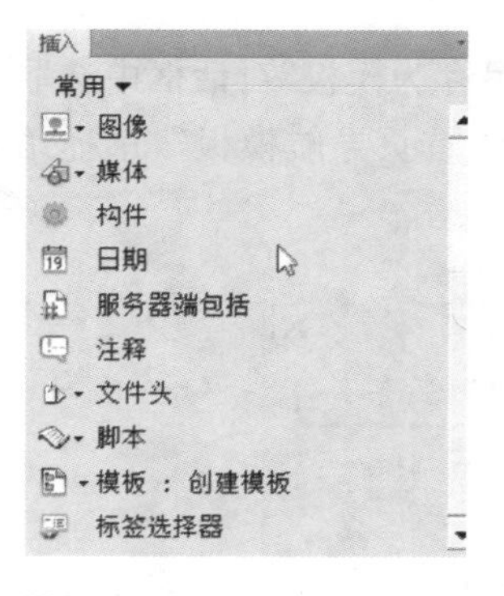

图 9 - 11
插入栏

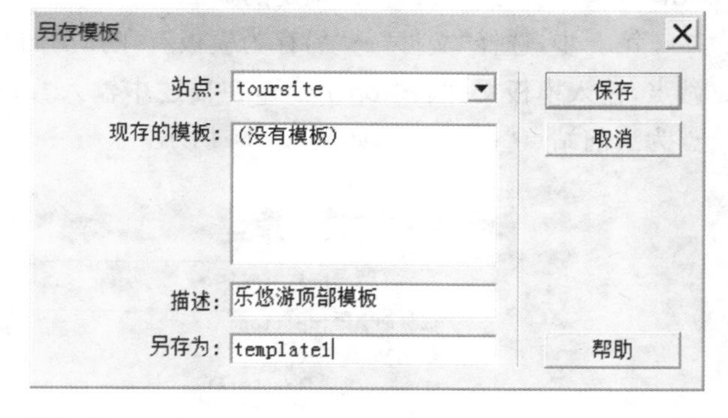

图 9 - 12
“另存模板”窗口

第 3 步，另存模板并命名为“sydh. dwt”，如图 9 - 13 所示。

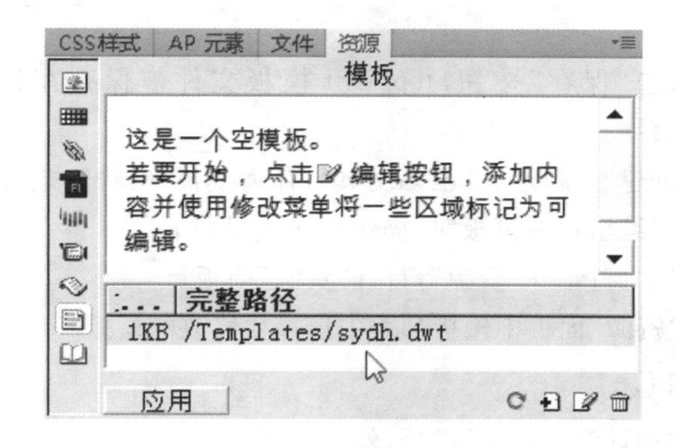

图 9 - 13
给新模板命名 sydh. dwt

经过上述步骤，可为当前站点 toursite 创建一个空的模板，如果需要编辑该模板，可以单击“资源”面板右下方的“编辑”按钮。

1. 若当前站点 toursite 已经建立有模板，则打开“资源”面板时，会显示当前站点的所有模板。在本案例中，站点 toursite 无创建模板，故初次创建模板，Dreamweaver 会在站点 toursite 根目录下自动创建一个名为 Templates 的文件夹，并将创建的模板如“sydh. dwt”保存在该文件夹下。

2. 不要将模板 Templates 文件夹移动到站点根文件夹之外，防止路径引用错误。

3. 不要将模板文件移动到 Tempaltes 文件夹之外。

4. 不要将任何非模板文件放在 Templates 文件夹中。

除了创建空模板，还可以将已有的网页保存为模板，具体操作步骤如下：

第 1 步，单击菜单“文件”→“打开”，在弹出的“打开”对话框中选择页面“top. html”，单击“打开”按钮打开选定的页面。

第 2 步，选择“文件”→“另存为模板”，在弹出的“另存为模板”对话框中选取站点，输入模板文件名“top. dwt”，在描述中输入“index 首页导航模板”，选择站点为当前站点“toursite”，如图 9 - 14 所示。

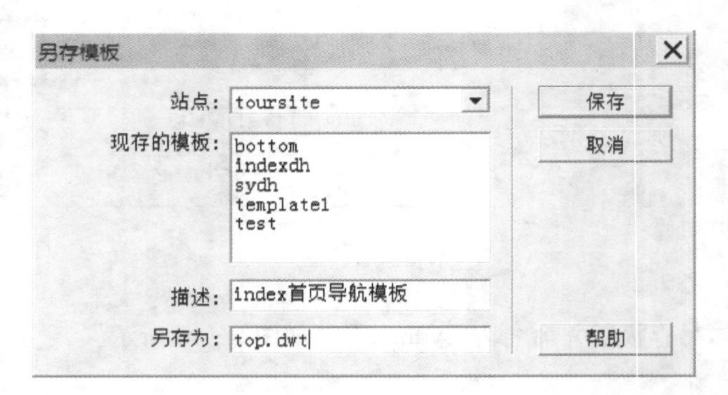

图 9 - 14
“另存为模板”对话框

第 3 步，单击“保存”按钮，top. dwt 模板文件被保存在站点 toursite 的 Templates 文件夹中。

采用上述“创建空模板”和“已知网页另存为模板”两种方式可以完成模板的创建，但是当需要编辑现有模板时，操作步骤执行如下：

第 1 步，选择“窗口”→“资源”，打开“资源”面板。

第 2 步，在“资源”面板中模板列表中选择要修改的模板“top. dwt”，单击右下方的“编辑”按钮 。

第 3 步，在“设计”窗口编辑模板，然后选择“文件”→“保存”，会显示“此模板不含有任何可编辑区域，您想继续吗?”的提示对话框，单击“确定”按钮可以保存修改过的模板文件。

第 4 步，验证模板的不可编辑性，在站点 toursite 下新创建一个文件“testmuban. html”。打开该文件并切换到“设计视图”，将“资源”面板中的模板

“top. dwt”拖拽到“设计视图”，效果如图 9－15 所示，此时页面不可编辑。

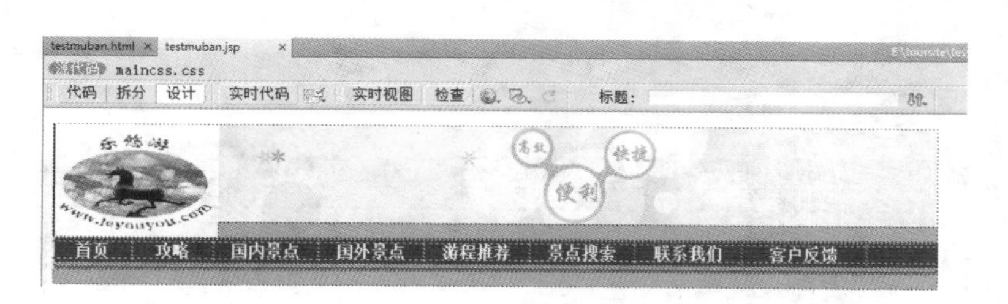

图 9－15
index 首页顶部模板
（无任何可编辑区域）

【知识拓展】

在【案例 9－4】中创建的“index 首页顶部模板（top. dwt）”，在保存时没有定义任何可编辑区域，意味着所创建的网页文档均不可修改，那么这样的模板就其本身而言没有任何意义。因此，在模板创建之后，需要根据公司或企业网站建设的具体要求对模板中的区域进行区分，哪些区域的内容定义为可编辑区域，哪些区域的内容定义为锁定区域。

任务 9－2－2　创建可编辑区域

【任务描述】

学习和掌握在模板文件中创建可编辑区域的方法。

【课堂案例 9－5】

将“乐悠游”旅游网站首页的主体区域设定为可编辑区域。

【知识准备】

在模板创建之后，读者需要对模板有深入的了解，介绍如下：

1. 模板是架构网站页面的基础页面，能使得站点结构和网页外观保持一致。

2. 一个模板页面，可以分为“可编辑区域”和“锁定区域”两部分。其中，“可编辑区域”是网页的个性化区域，需要经常修改的部分；“锁定区域”是网页中相对固定不变，无需重新输入和设计的通用普适区域。

3. “锁定”与“可编辑”的概念仅仅针对基于模板的网页文档。

4. 模板文件本身的任何内容都是可以更改的。

5. 无论是创建空模板还是将已有网页另存为模板，Dreamweaver 都默认把所有区域标记为锁定，即不可编辑。

6. 在创建好的模板中定义可编辑区域一共有两种方法：第一种是将模板中已有的内容区域定义为可编辑区域，第二种是插入“新的、空的”的可编辑区域。

【任务实施】

为了将“乐悠游”旅游网站首页主体区域设定为可编辑区域，具体步骤如下：

第 1 步，打开“index 首页顶部模板（top. dwt）”文件，选择要定义为可编辑区域的内容文本或图片等，如图 9－16 中虚线框选所示。

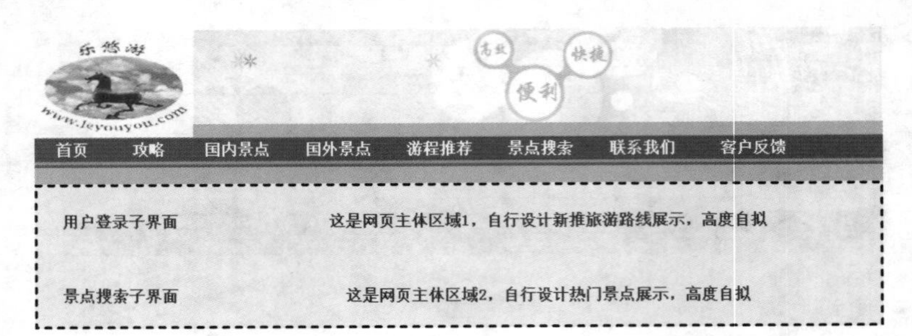

图 9－16
选定要定义的“可编辑区域”

第 2 步，选择 Dreamweaver 菜单“插入”→“模板对象”→“可编辑区域”，弹出“新建可编辑区域”对话框，如图 9－17 所示，在名称文本框输入“EditMainArea”，单击“确定”按钮即可完成选定区域“可编辑化”。

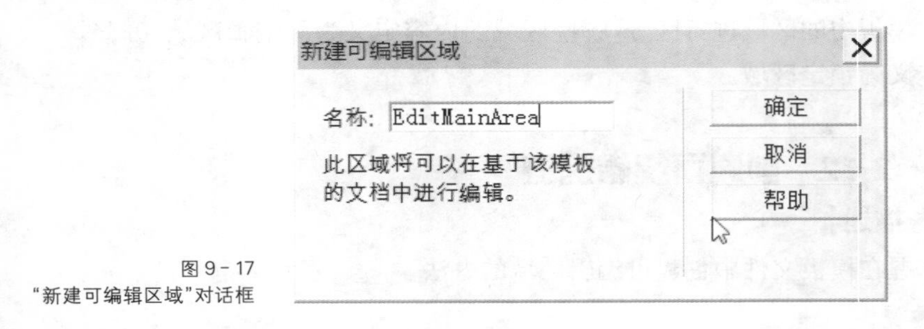

图 9－17
“新建可编辑区域”对话框

第 3 步，在模板中，修改好的“可编辑区域”在左上角显示该区域的名称，如图 9－18 所示。

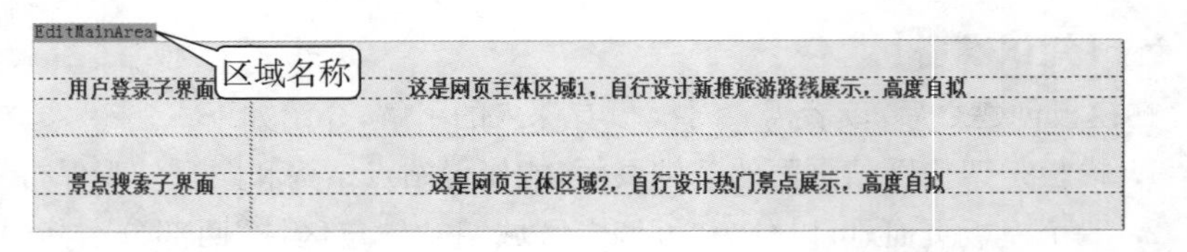

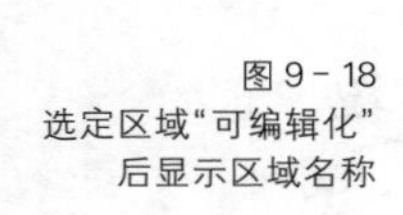

图 9－18
选定区域“可编辑化”
后显示区域名称

可编辑区域名称不能使用单引号、双引号、尖括号和“&”。

若模板中存在多个可编辑区域，其名称必须保持惟一，不能相同。

第 4 步，验证模板的“可编辑性”，打开文件“testmuban. html”并切换到“设计视图”删除原有内容，将“资源”面板中的刚创建“可编辑区域”的模板“top. dwt”

拖曳到“设计视图”，效果如图 9－19 所示，可尝试在编辑区内输入内容。

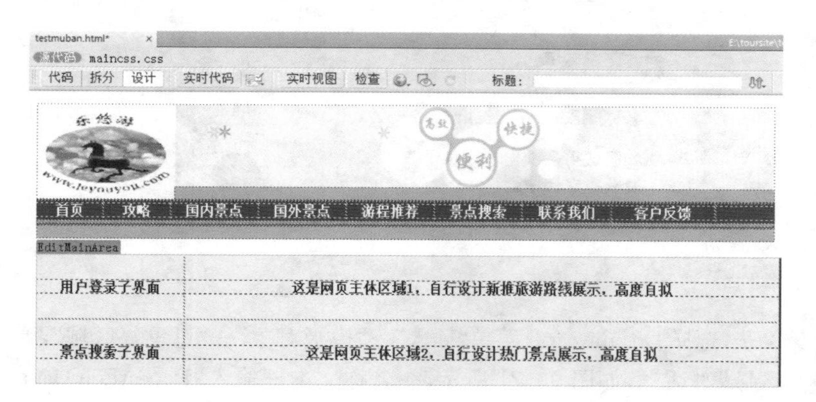

图 9－19
index 首页顶部模板(含可编辑区域 EditMainArea)

【知识拓展】

在学习和掌握模板“创建可编辑区域”相关技能后，有必要深入了解：

1. 在编辑模板时，既可以修改可编辑区域，也可以修改锁定区域。

2. 当将模板应用于网站页面时，只能修改网站页面的可编辑区域，不允许修改网站页面的锁定区域。

3. 应用模板的显著优点是：能够省去网站众多网页中相同内容的重复输入，节省大量的劳力和时间，并且可以防止随意编辑导致网站整体风格的不一致。

4. 若模板文件中的某个可编辑区域，由于网站应用需求想使其失效，变为“锁定”状态，则执行操作为：单击可编辑区域左上角的名称选项卡，选择 Dreamweaver 菜单“修改”→“模板”→“删除模板标记”，即可使得该区域变为锁定区域，使得该区域在基于该模板的网站页面中不可编辑。

任务 9－2－3　创建重复区域

【任务描述】

学习和掌握在模板文件中创建可重复区域的方法。

【课堂案例 9－6】

将案例 9－5 中“乐悠游”旅游网站首页的主体可编辑区域设置为可重复区域。

【知识准备】

由于在“乐悠游”旅游网站中除了“新推旅游路线”展示区和“热门景点”展示区之外，随着旅游服务业的快速发展，会创新性地推出如“老年旅游”专区、“温馨一家人”特惠专区、“甜蜜爱情”等多种业务。因为这些区域“设计相同、内容不同”，因此适合采用可重复区域的方法。

【任务实施】

第 1 步，打开“index 首页顶部模板(top. dwt)”文件，选择要定义为可重复区

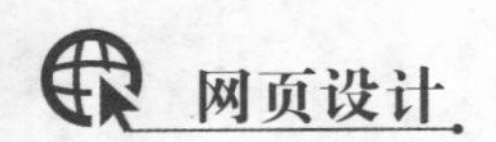

域的内容文本或图片等，如图 9－20 所示的“EditMainArea”可编辑区域。

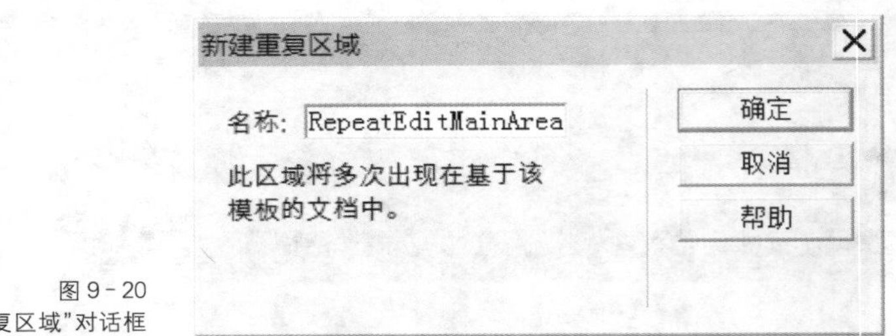

图 9－20
“新建重复区域”对话框

第 2 步，选择 Dreamweaver 菜单“插入”→“模板对象”→“可重复区域”，弹出“新建重复区域”对话框，如图 9－21 所示，在名称文本框输入“RepeatEditMainArea”，单击“确定”按钮即可完成选定区域“可重复化”。

第 3 步，在模板中，修改好的“可编辑区域”中下方出现了“可重复区域”的标记，如图 9－21 所示。

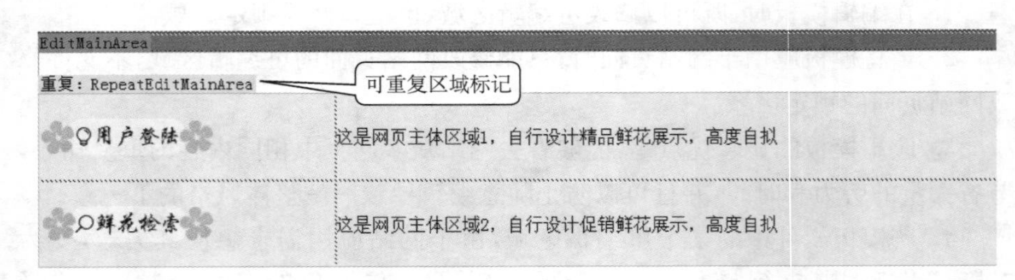

图 9－21
选定区域“重复区域”后显示可重复标记

第 4 步，单击“文件”→“保存全部”，会弹出“更新模板文件”对话框，如图 9－22 所示，提示“是否要更新基于此模板的所有文件”，单击“更新”按钮关闭对话框，弹出“不一致的区域名称”对话框，如图 9－23 所示，选中“EditMainArea”，选中“内容移到新区域”下拉框中的“不在任何地方”选项，单击“确定”按钮关闭对话框，返回“更新页面”对话框，如图 9－24 所示，切记要：选中“模板”复选框，“完成”按钮为灰色表示“已更新完毕”，单击“关闭”完成所有基于此模板的页面的更新操作。

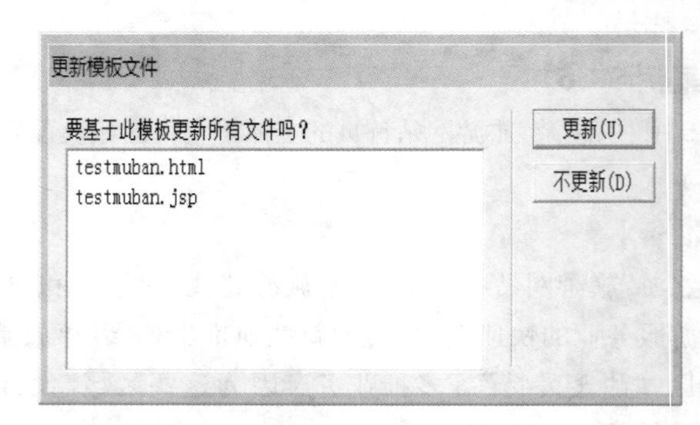

图 9－22
“更新模板文件”对话框

第 5 步，验证模板的“重复区域”，打开文件“testmuban.html”并切换到“设计视图”，效果如图 9－25 所示。当单击“重复区域”的增加按钮时，显示如图 9－26 所示。同样，也可以通过单击“重复区域”的删除按钮，完成“重复区域”的删除操作。

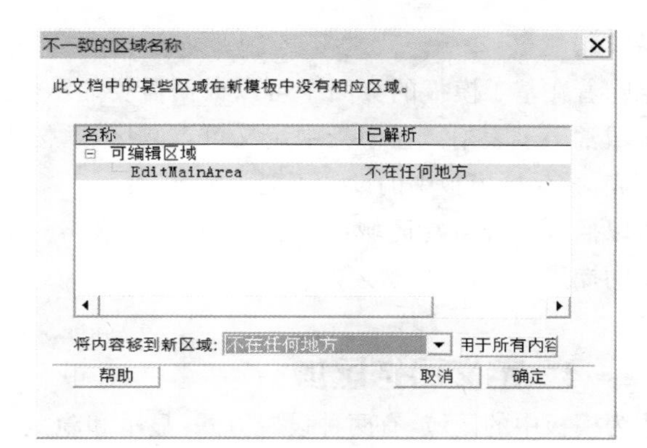

图 9－23
“不一致区域名称”对话框

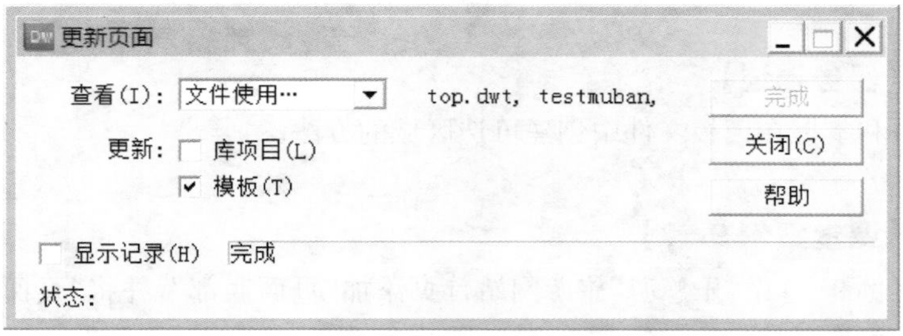

图 9－24
“更新页面”对话框

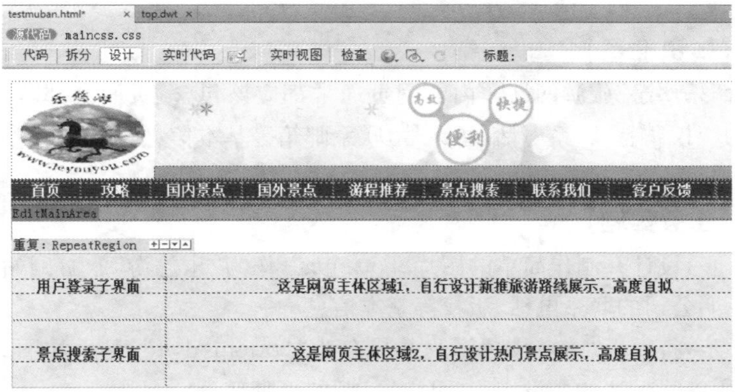

图 9－25
index 首页顶部模板(含可编辑区域＋重复区域)

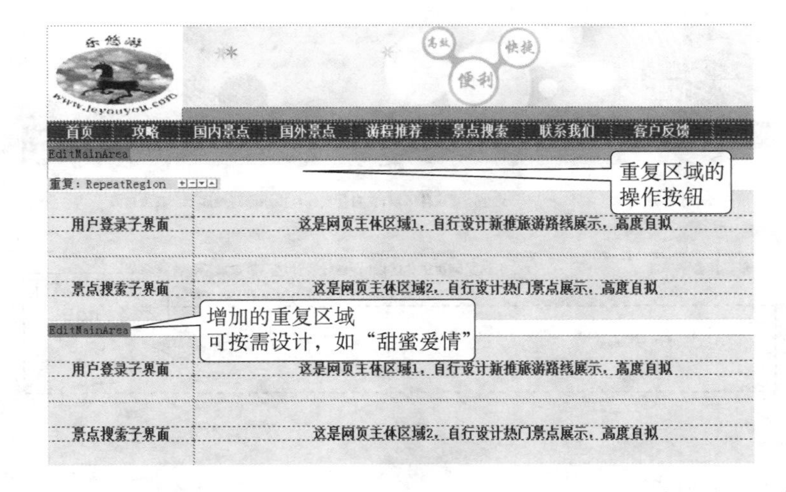

图 9－26
index 首页顶部模板中“重复区域”的验证

【归纳总结】

重复区域意味着在基于模板的页面中可以根据需要显示任意次数的“可编辑区域”，重复区域常用于表格。在模板中定义可重复区域，便于用户在网页中创建可扩展的列表，并保持模板中的设计不变。

在模板中可以插入两种重复区域：重复区域和重复表格。重复表格的操作步骤与重复区域的操作相似，不再赘述。

任务 9-2-4 定义可选区域

可选区域作为模板中的区域，有两种设置方式：显示和隐藏。当用户希望为相应的页面内容设置显示条件时，适合使用可选区域。

【任务描述】

学习和掌握在模板文件中创建可选区域的方法。

【课堂案例 9-7】

给案例 9-5 中“乐悠游”旅游网站首页添加“页面底部”，并将“页面底部”区域设置为可选区域。

【知识准备】

包含“乐悠游”旅游网站在内的网页通常都应该包含“页面底部”，主要包含该网站的版权所有，联系电话，备案号，联系邮箱等基本信息。

【任务实施】

第 1 步，设计并制作简单的图片“bott. jpg”，作为“乐悠游”旅游网站的“页脚部分”，标明公司的联系电话，版权等基本信息。

第 2 步，将模板“top. dwt”修改并另存为“bottom. dwt”，显示如图 9-27 所示，图中用虚线框选的要设定为“可选区域”的页脚部分。

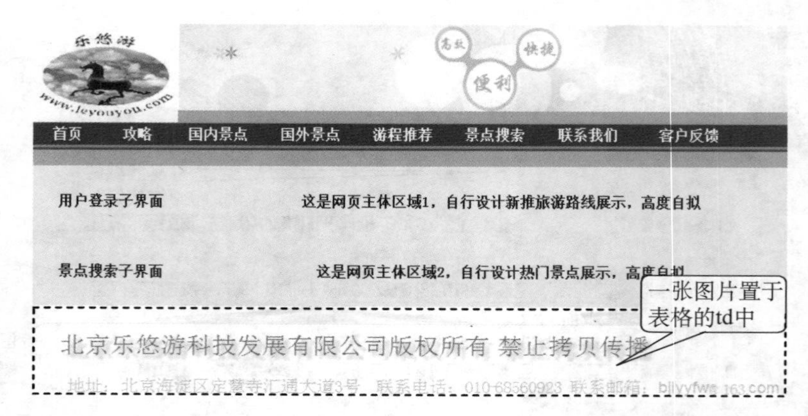

图 9-27 选定要定义的 index 首页页面底部

这里选中的单元格 td,而非仅仅是图片本身。

第 3 步,选择 Dreamweaver 菜单"插入"→"模板对象"→"可选区域",弹出"新建可选区域"对话框,如图 9-28 所示,名称为"OptionalRegion1",勾上复选框"默认显示",单击"确定"按钮即可完成选定区域"可选化"。

图 9-28
"新建可选区域"对话框

第 4 步,在模板中的页面底部出现了"可选"的记,如图 9-29 所示。

图 9-29
选定区域显示"可选"标记

第 5 步,单击"文件"→"保存"模板文件"bottom. dwt"。

第 6 步,新建页面"testbottom. html"验证模板的"可选区域"。拖拽"资源"面板中"模板"分类中的"bottom. dwt"至页面"testbottom. html"的设计视图并运行,显示效果如图 9-30 所示。

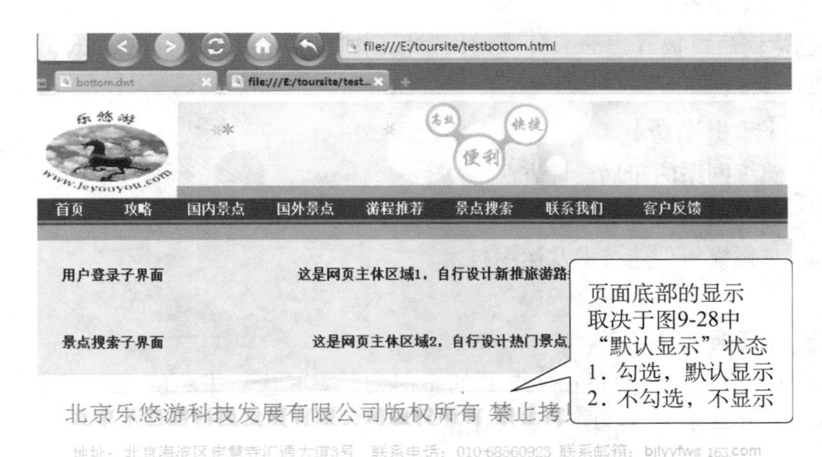

图 9-30
测试"可选区域"的页面
testbottom. html

【归纳总结】

1. 可选区域是模板中的区域,用户可将其设置为在基于模板的文档中显示或隐藏。当想要为在文档中显示内容设置条件时,请使用可选区域。

2. 插入可选区域以后，既可以为模板参数设置特定的值，也可以为模板区域定义条件语句(If... else 语句)。可以使用简单的真/假操作，也可以定义比较复杂的条件语句和表达式。

3. 使用可选区域可以控制在基于模板的文档中是否显示不确定的内容。而且，更重要的是读者必须知道可选区域分为两类：

◆ **不可编辑的可选区域**：模板用户能够显示和隐藏特别标记的区域但却不允许编辑相应区域的内容。可选区域的模板选项卡在单词 if 之后。根据模板中设置的条件，模板用户可以定义该区域在他们所创建的页面中是否可见。

◆ **可编辑可选区域**：模板用户能够设置是显示还是隐藏区域并能够编辑相应区域的内容。例如，如果可选区域中包括图像，模板用户即可设置该内容是否显示；如果包含文字，则可以根据需要对文字内容进行编辑。可编辑区域是由条件语句控制的。

4. 默认情况下，可选区域是不可编辑的。根据需求，读者可以修改“可选区域”为“可编辑区域”。

任务 9-2-5 模板的应用

可选区域作为模板中的区域，有两种设置方式：显示和隐藏。当用户希望为相应的页面内容设置显示条件时，适合使用可选区域。

【任务描述】

掌握模板的创建并能够熟练运用模板，并且灵活应用样式表。

【课堂案例 9-8】

创建网站模板 tp1. dwt，并应用该模板创建旅游网站首页 index. html。

【知识准备】

1. 熟练网站的布局设计方法。
2. 熟练运用 CSS 技术。
3. 掌握模板创建技术及运用技术。

【任务实施】

第 1 步，在站点“toursite”下的 park 目录下建立【案例 9-5】的目录 tourtemp，并将所需要的图片素材存在子目录 images 中。

第 2 步，设计并制作“乐悠游旅游网站”模板 tp1. dwt，如图 9-31 所示。

第 3 步，创建“首页”(index. html)，并将光标置于其“设计视图”，应用模板 tp1. dwt，效果如图 9-32 所示。

提示：操作步骤细节略，请参照教程提交的源代码文件在教师指导下完成。

图 9-31
“乐悠游旅游网”模板
tp1. dwt 运行效果图

图 9-32
“乐悠游旅游网”首页
index. html

【知识拓展】

在基于模板创建的网页中，读者会发现：只有在可编辑区域才可以编辑。那么，若要修改基于模板的“锁定区域”，有什么解决方法？这就需要将该页面从模板分离。具体执行步骤是：执行“修改”→“模板”→“从模板中分离”即可将页面与模板分离，从而使得页面变为可编辑的，也就是成为了一个普通的页面，与模板的关联从此一刀两断，毫无瓜葛，不会因为模板的修改而更新。

【归纳总结】

1. 基于模板生成多个页面，有一种简便的方法：具体步骤是“文件”→“新建”，在“新建文档”对话框类别中选择“模板中的页”→“所属站点（toursite）”→“模板名称（tp1. dwt）”，即可简便的运用模板，具体如图 9 - 33 所示。另外一种方法是新建页面，然后拖拽模板到该页面。

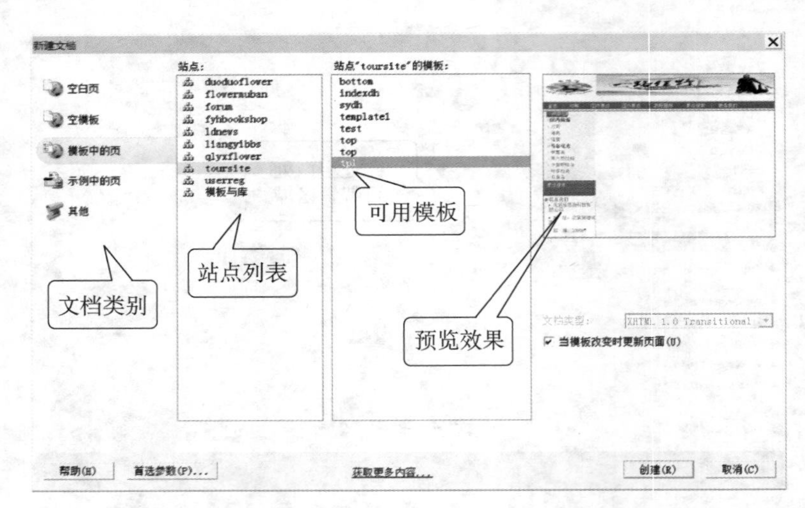

图 9 - 33
应用模板的方法

2. 在基于模板生成的页面中，只有可编辑区域是能够编辑的，读者可以根据每个页面主题的不同，在可编辑区域加入相应的图片和文字。

3. 所有页面制作完毕，要保证超链接准确无误。

4. 应用模板可以快速、高效的设计风格一致的网站页面。不仅可以通过创建新模板的方法，还可以通过修改模板来快速、自动更新使用模板创建的页面，使得网站的维护变得轻松快捷。

5. 还有一种情况是，如何对已经存在的网页应用模板，解决方法是“打开应用模板的网页”→切换到“设计视图”→选择“修改”→“模板”→“套用模板到页”的方法。按照网页设计师的职业习惯，通常应该优先设计网站的模板，故该方法不再深入讲解，感兴趣的读者请进一步深入学习。

》任务 9 - 2 - 6 管理模板

相信读者在学习和掌握了如何创建模板和应用模板的基础上，接下来更关心如何有效管理创建的多个模板。

【任务描述】

掌握管理模板的方法。

【课堂案例 9 - 9】

掌握修改模板并更新页面的方法。

【任务实施】

第 1 步，在站点下打开“资源”面板中“模板”类别中要修改的模板。

第 2 步，编辑模板，并保存修改过的“模板”文件，通常会弹出如图 9－34 所示的“更新模板文件”的对话框，询问是否要更新使用当前编辑模板所创建的网页文件，对话框中列出的是当前站点中使用本模板创建的所有网页文件。

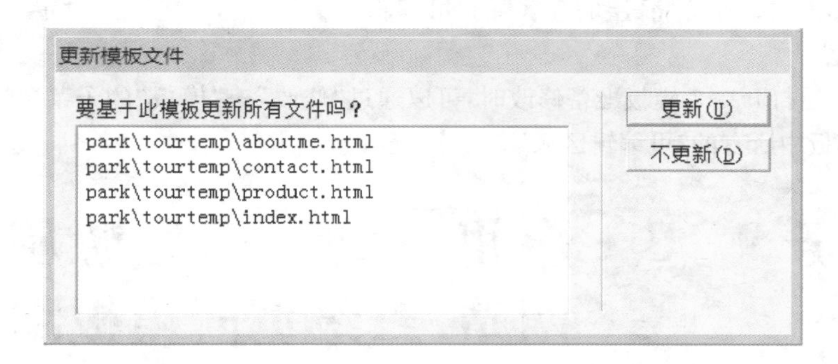

图 9－34
“更新模板文件”对话框

图 9－34 中的更新文件视具体情况而定，不必完全相同。

第 3 步，单击“更新”按钮，弹出“更新页面”对话框。此时，要区分两种情况：第 1 种为当前站点下应用该模板的所有页面更新完毕，第 2 种情况是该模板可能还应用于其他站点中的页面，所以需要选择“查看”中的“整个站点选项”，并选择要更新的“站点名称”，然后单击开始进行页面更新，如图 9－35 所示。

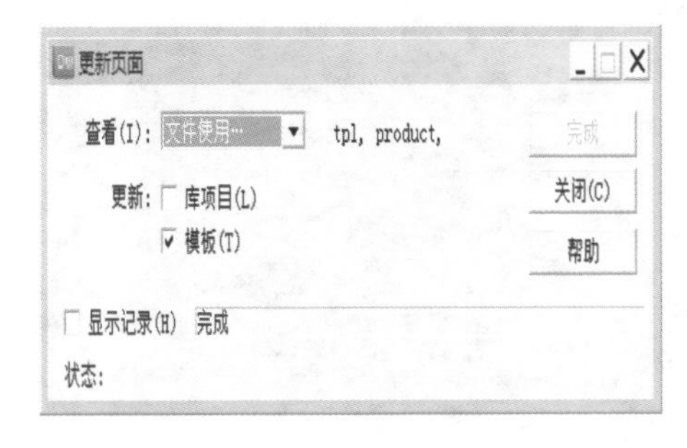

当前站点的情形

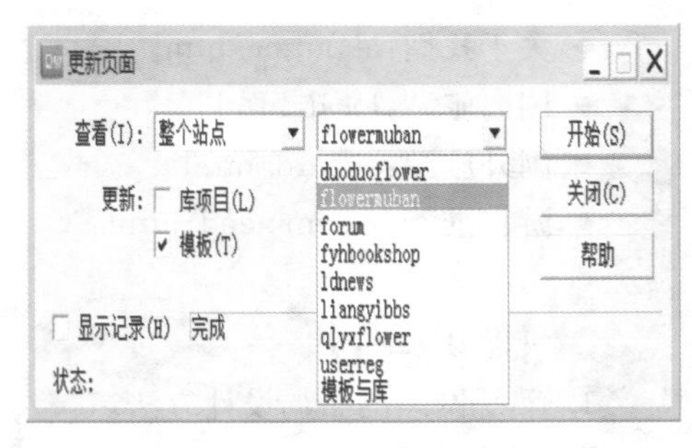

其他站点的情形

图 9－35 “更新文件”对话框

【归纳总结】

在学习和掌握如何创建模板，如何应用模板创建和更新网站的大批量页面的基本方法之外，要想用好模板还需要掌握一些应用技巧和解决问题的方法。

1. 定义可编辑区域时，可以定义整个表格，或单个单元格，但不可以一次性定义多个单元格。

2. 在学习“DIV 层”布局的基础上，读者应知道层和层中的内容是相互独立的。如果要定义层为可编辑区域，在应用模板创建网页文档时可以通过“CSS 样式表”改变层的位置。

3. 如果定义层的内容为可编辑区域，则允许改变层的内容。

4. 层的范围大于“层的内容”，一旦设定“层的内容”为可编辑，又想修改该层的位置，其方法是先将“层的内容”的“可编辑定义”取消，再将“层”设定为“可编辑区域”。

5. 当打开一个模板准备修改时，可以通过“修改”→“模板”的子菜单快速找到该模板中所有的“可编辑区域”。

任务9－3 应用案例：《乐悠游旅游网站》二级页面模板制作

【任务目标】

快速应用模板的方法制作乐悠游旅游网站的二级页面

【任务描述】

在任务9－2－5的基础上，快速实现乐悠游旅游网站的4个二级页面

【课堂案例9－10】

应用任务9－2－5创建的网站模板tp1.dwt创建旅游网站的4个二级页面，页面分别简介如下：

- 关于我们：aboutme.html
- 国内旅游：local.html
- 国外旅游：aboard.html
- 游程推荐：recommend.html

【知识准备】

1. 熟练网站的布局设计方法。
2. 熟练运用CSS技术。
3. 掌握模板创建技术。

【任务实施】

第1步，创建“关于我们”(aboutme.html)，并将光标置于其“设计视图”，应用模板tp1.dwt，效果如图9－36所示。

第2步，创建“国内旅游”(local.html)，并将光标置于其“设计视图”，应用模板tp1.dwt，效果如图9－37所示。

第3步，创建“国外旅游”(aboard.html)，并将光标置于其“设计视图”，应用模板tp1.dwt，效果如图9－38所示。

第4步，创建“游程推荐”(recommend.html)，并将光标置于其“设计视图”，

图 9 - 36
"乐悠游旅游网站"—"关于我们"页面 aboutme. html

图 9 - 37
"乐悠游旅游网站"—"国内旅游"页面 local. html

应用模板 tpl. dwt，效果如图 9 - 39 所示。

第 5 步，在模板 tpl. dwt 中添加相应页面的超链接。

提示：操作步骤细节略，请参照教程提交的源代码文件在教师指导下完成。

图 9-38
“乐悠游旅游网站”—“国外旅游”页面 aboard. html

图 9-39
“乐悠游旅游网站”—“游程推荐”页面 recommend. html

【归纳总结】

1. 基于模板的页面不能完全支持 CSS 样式。若要在基于模板的页面中使用 CSS 样式，必须将它们添加到页面所使用的模板文件中。

2. 如果需要对基于模板的页面中的“锁定区域”和“可编辑区域”进行修改，只有将页面与模板分离。

3. 要在模板文件中创建链接，最好在“属性”面板中采用“文件夹图标”或指向文件图标来创建，不要直接输入链接的文件名，防止链接出现问题。

【思考题】

1. 什么是库？什么是库项目？库项目有什么作用？
2. 什么是模板？怎样使用模板？
3. 什么是可编辑区？怎样设定可编辑区？
4. 什么是可重复区？怎样应用可重复区？
5. 什么是可选区域？

【操作题】

1. 完成任务 9－2－5。
2. 完成任务 9－3。

项目十

10

站点维护

【项目导读】

- 掌握检查浏览器兼容性的方法
- 掌握检测网页链接错误及修改方法

【项目重点】

- 检测网页链接错误及修改

【项目难点】

- 检测网页链接错误

【关键词】

测试网站、浏览器兼容性、断链、检测链接

【任务背景】

李晓明的网站开发基本完成，但他在测试网站时发现网页有些元素在不同的浏览器下显示效果不一样，甚至有些显示不了。同时有些链接有问题。如何快速地找到这些问题呢？

其实，处理这样的问题并不复杂，使用 Dreamweaver 提供的浏览器兼容性检测和网页链接错误检测功能可以快速解决这些问题。

任务 10－1　测试网站

在网站制作过程中，测试工作是不可或缺的步骤。测试站点的内容很多，例如不同浏览器能否浏览网站、不同分辨率的显示器能否显示网站、站点中有没有断开的链接等内容，都需要进行测试。

【任务目标】

- 掌握检查浏览器兼容性的方法
- 掌握检测网页链接错误及修改方法

任务 10－1－1　检查浏览器的兼容性

由于浏览者的浏览器的类型或版本会有所不同，导致浏览同一网页时显示的效果也会有所不同。对于网页中的图像、文本等元素在不同的浏览器中显示效果区别不大，但 CSS 样式、层、行为等元素在不同浏览器中可能差异很大。所以有必要对目标浏览器进行检查。

【任务描述】

检查浏览器兼容性。

【课堂案例 10－1】

检测网页 yhyjianjie. html 的浏览器兼容性。

【任务实施】

第 1 步，在 Dreamweaver 中打开需要检查浏览器兼容性的页面，本例为 yhyjianjie. html，执行【窗口】、【结果】、【浏览器兼容性】命令，或执行【文件】、【检查页】、【浏览器兼容性】命令，打开“浏览器兼容性”面板，如图 10－1 所示。

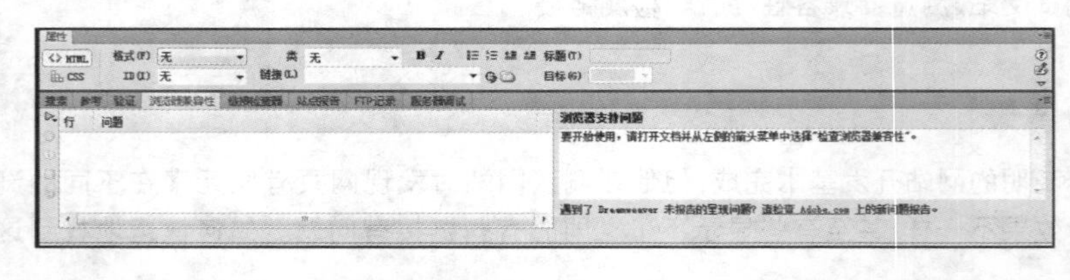

图 10－1
“浏览器兼容性”面板

第 2 步，单击“浏览器兼容性”面板为左上方的绿色三角按钮，弹出下拉菜单，如图 10－2 所示。

图 10－2
选择“检查浏览器兼容性”选项

第 3 步，选择【检查浏览器兼容性】命令，Dreamweaver CS5 就会自动对当前本地站点中的所有文件进行目标浏览器的检查，并列表显示检查结果。

第 4 步，在“浏览器兼容性”面板左侧列表中单击某一个问题，在该面板右侧的浏览器支持问题列表中，将显示该问题的详细解释。可以根据提示，进行相应修改。

第 5 步，单击“浏览器兼容性”面板左上方的绿色三角按钮 ，在弹出的下拉菜单中选择【设置】命令，将弹出【目标浏览器】对话框，如图 10－3 所示，可以设置浏览器的最低版本。

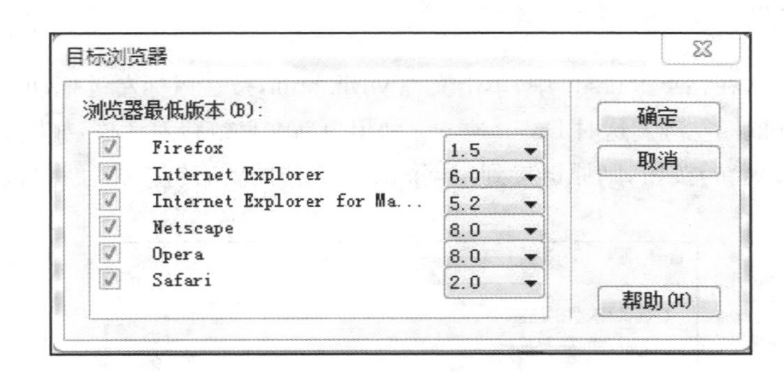

图 10－3
“目标浏览器”对话框

任务 10－1－2　自动更新链接

网站链接设置好后，Dreamweaver 还提供了自动更新链接和链接检查两个功能对各链接进行管理。

在建设网站过程中，有时需要调整文件的位置。如果文件的位置发生变化，其相关的超级链接也必须做相应变化，否则就会出现“断链”。修改超链接时如果采用手动逐个修改链接，工作量太大。为此 Dreamweaver 提供了自动更新超级链接的功能，可以在文件移动时自动进行相关链接的更新。

【任务描述】

调整文件位置或更改文件名后更新文件链接。

【课堂案例 10－2】

将页面文件 yhyjianjie. html 重命名为 yhyjj. html，并更新所有链接。移动到 park 文件夹，并更新所有链接。

【任务实施】

第 1 步，在站点 toursite 中，为 yhyjianjie. html 文件重命名为 yhyjj. html。这时 Dreamweaver 将弹出更新文件链接对话框，如图 10－4 所示。单击【更新】按钮，则原链接到 yhyjianjie. html 文件的所有链接将自动更新链接到 yhyjj. html 文件。

第 2 步，运行 yhyjj. html 文件，可以查看原 yhyjianjie. html 文件的链接全部正常运行。

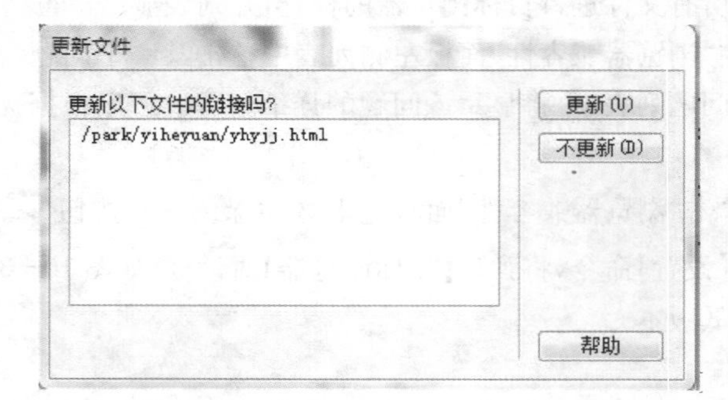

图 10-4
更新链接文件对话框

第 3 步，在站点 toursite 中，单击文件 yhyjj.html，按住鼠标左键拖动到 park 文件夹，松开鼠标左键。这时 Dreamweaver 弹出更新文件链接对话框，如图 10-5 所示。单击【更新】按钮，则原链接到 yhyjj.html 文件的所有链接路径将自动更新。

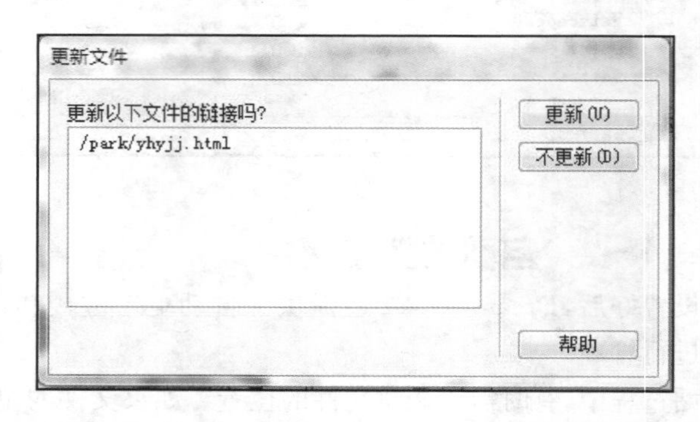

图 10-5
更新链接文件对话框

第 4 步，打开 yhyjj.html 文件，查看链接路径，其链接路径已更新。

任务 10-1-3　检测网页链接错误

网站制作好之后，在上传到服务器前，必须对站点中所有链接进行检查，如果发现存在中断的链接，则需要进行修复。如果在各个网页文件中手工逐一进行链接检查，工作量大且不可避免会出现疏漏，Dreamweaver 提供的链接检查器功能可以快速地对某一页面、选择的部分页面和整个站点的链接进行检查。

【任务描述】

调整文件位置或更改文件名后检查网页链接错误。

【课堂案例 10-3】

将 yiheyuan 文件夹下 yhyjianjie.html 文件移动到 park 文件夹下，在弹出的【更新文件】对话框中选择【不更新】。查看该文件的链接。

【任务实施】

第 1 步，选择【窗口】、【结果】、【链接检查器】，打开【链接检查器】面板。

第 2 步，选择检查链接的类型。

① 检查当前文档中的链接。在【链接检查器】面板的左侧单击【链接检查】按钮 ，选择【检查当前文档中的链接】，在右侧列表中会列出当前文档断掉的链接，如图 10－6 所示。

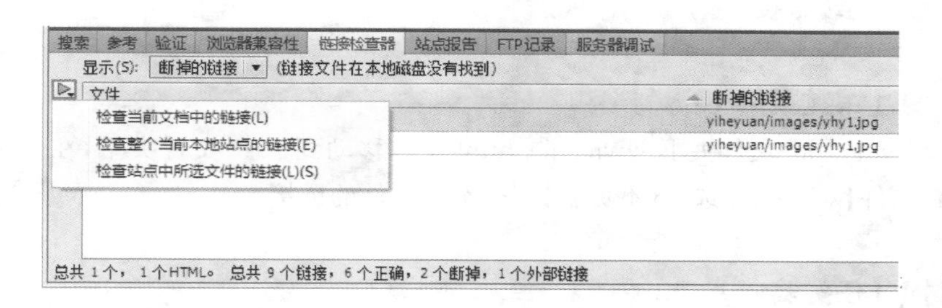

图 10－6
检查类型菜单

② 检查站点中所选文件的链接

在【文件】面板中选中要检查链接的文件或文件夹，单击【链接检查器】面板左侧的【检查链接】按钮 ，选择【检查站点中所选文件的链接】一项，右侧列表会列出所有断掉的链接。

③ 检查整个当前本地站点的链接

单击【链接检查器】面板左侧的【检查链接】按钮 ，选择【检查整个当前本地站点的链接】一项，右侧列表会列出所有断掉的链接。

本例选择【检查当前文档中的链接】。

第 3 步，选择检查类型。在【链接检查器】的【显示】项下拉列表中可以选择查看检查结果的类别，如图 10－7 所示。各类别的含义如下：

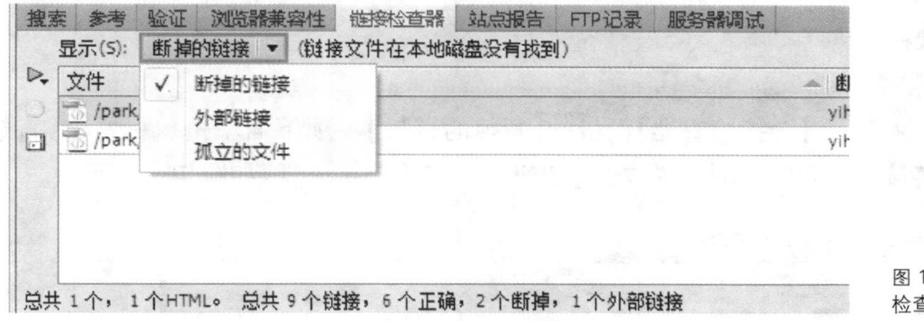

图 10－7
检查结果类别

【断掉的链接】：显示检查到的断开的链接。

【外部链接】：显示链接到外部网站的链接。

【孤立的文件】：显示没有进入链接的文件，仅在进行全站链接检查时才有结果。

本例选择【断掉的链接】。此时将在【链接检查器】面板上显示 yhyjianjie.html 文档所有断掉的链接。

任务 10-1-4 修复链接

修复链接是对检查出的断掉链接进行重新设置，可以通过以下方法完成：

【任务描述】

修复超级链接。

【课堂案例 10-4】

将 yiheyuan 文件夹下 yhyjianjie.html 文件移动到 park 文件夹下，在弹出的【更新文件】对话框中选择【不更新】。查看该文件的链接。

【任务实施】

1. 双击【链接检查器】面板右侧列表中断掉链接的文件，Dreamweaver 会在【代码】窗口和【设计】窗口中定位到链接出错的位置，同时【属性】面板也会指示出链接，以便于修改，如图 10-8 所示。

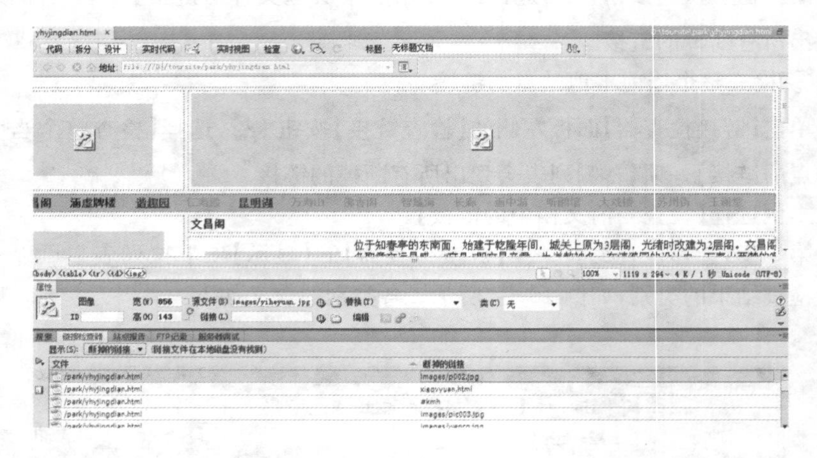

图 10-8
断掉的链接文件

2. 在【链接检查器】面板的【断掉的链接】一项下面单击鼠标左键，直接修改链接路径，或单击【浏览文件】按钮重新定位链接文件，如图 10-9 所示。

图 10-9
单击【浏览文件】按钮
重新定位链接文件

任务 10－2 管理站点

本书在 Dreamweaver 的讲解过程中，所需要的素材文件是从站点外复制到站点文件夹中的，因此站点文件夹中应该没有无用的文件，这样可以将站点的整理简化到最少的程度。

》 任务 10－2－1 站点管理窗口

在文件面板工具栏中单击 展开以显示本地和远端站点工具，文件面板将放大显示。单击工具栏中的 刷新工具，此时窗口如图 10－10 所示。

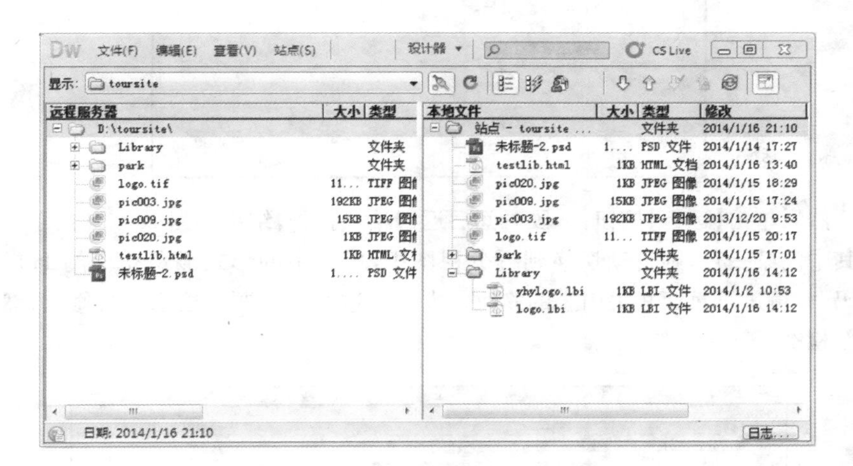

图 10－10
站点管理窗口

在站点窗口中可以方便地进行文件及文件夹的整理。将站点 park 文件夹下 yiheyuan 文件夹下的页面文件 yhyjj.html 拖动到 pages 文件夹中，在拖动文件的过程中会弹出如图 10－11 所示的“更新文件”对话框，单击【更新】按钮即可更新该文件中的所有链接。

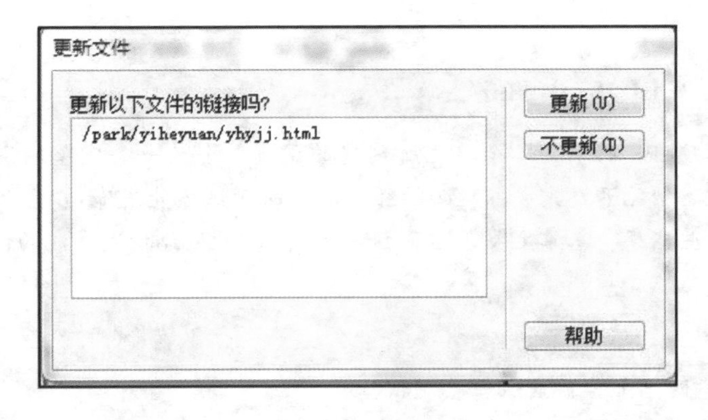

图 10－11
更新文件对话框

在移动文件的过程中，插入页面中的 Flash 动画、音视频文件有时可能无法正常显示，此时需要将这些文件重新插入一遍。

任务 10-2-2 站点报告

执行菜单【窗口】→【结果】→【站点报告】命令，打开站点报告面板。单击 ▶ 工具，弹出“报告”对话框，将“报告在：”选项设置为“整个当前本地站点”，在“HTML 报告”中勾选“可合并嵌套字体标签”、“多余的嵌套标签”、“可移除的空标签”、“无标题文档”等选项，如图 10-12 所示。

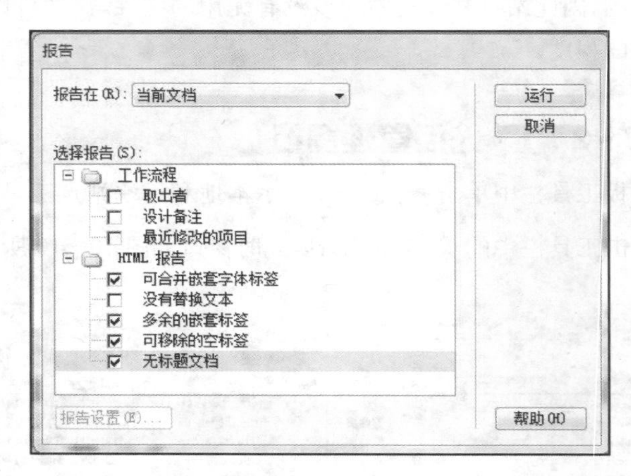

图 10-12
报告对话框

然后单击【运行】按钮；一段时间后返回站点报告，结果如图 10-13 所示。双击其中的某一行，则自动切换到拆分视图中，以选中的形式显示相应的 HTML 代码，即可进行页面相关内容的修改。本例将这些无标题文档都进行修改；然后重新检查，警告就没有了。

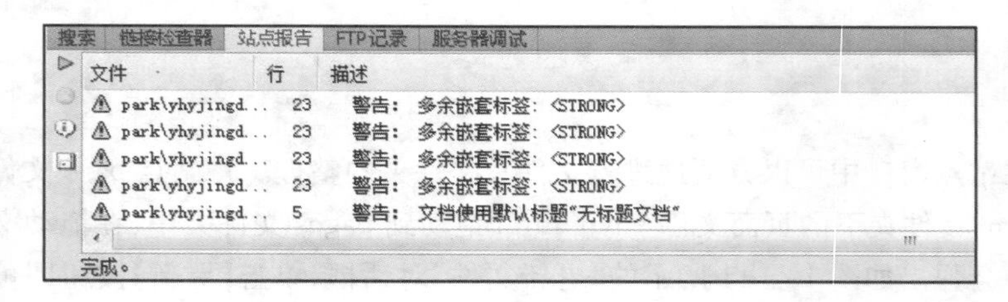

图 10-13
站点报告面板

【项目小结】

本项目需将前面各个单元所创建的网页整合为一个完整的网站后再进行测试。网站开发完成以后必须经过认真的测试才能发布，以免浏览网站时出现一些错误。本章主要介绍了 Dreamweaver 的网站检测功能的使用方法。

【思考题】

1. 网站上传前应做哪些测试？
2. 如何恢复断掉的链接？